地球运转的奥秘

微　光◎主编

吉林科学技术出版社

图书在版编目（CIP）数据

地球运转的奥秘 / 微光主编. -- 长春：吉林科学
技术出版社, 2022.12
ISBN 978-7-5744-0033-7

Ⅰ.①地… Ⅱ.①微… Ⅲ.①地球—儿童读物 Ⅳ.
①P183-49

中国版本图书馆CIP数据核字(2022)第234786号

地球运转的奥秘

DIQIU YUNZHUAN DE AOMI

主　　编　微　光
出 版 人　宛　霞
责任编辑　郑宏宇
助理编辑　李思言　刘凌含
制　　版　长春美印图文设计有限公司
封面设计　长春美印图文设计有限公司
幅面尺寸　210 mm×280 mm
开　　本　16
字　　数　250千字
印　　张　20
印　　数　1-20 000册
版　　次　2023年2月第1版
印　　次　2023年2月第1次印刷

出　　版　吉林科学技术出版社
发　　行　吉林科学技术出版社
地　　址　长春市福祉大路5788号出版集团A座
邮　　编　130118
发行部电话/传真　0431-81629529　81629530　81629531
　　　　　　　　　　　　81629532　81629533　81629534
储运部电话　0431-86059116
编辑部电话　0431-81629516
印　　刷　吉广控股有限公司

书　　号　ISBN 978-7-5744-0033-7
定　　价　158.00元

扫描二维码

带你解开蓝色星球运转的奥秘

地球知识百科

 地球生命之旅：地球上的生命是怎么变迁的？

天文第一课：你手机上的天文观测台！

微信扫码添加天文交流社团

目 录

月球

地球

▬▶▶ 地球——人类赖以生存的星球

　　地球是太阳系中离太阳由近及远的第三颗行星，是太阳系中已知的唯一适宜人类居住的星球，现在有超过70亿人居住在这颗星球上。地球现在大约有46亿岁了。它距离太阳约1.5亿千米。

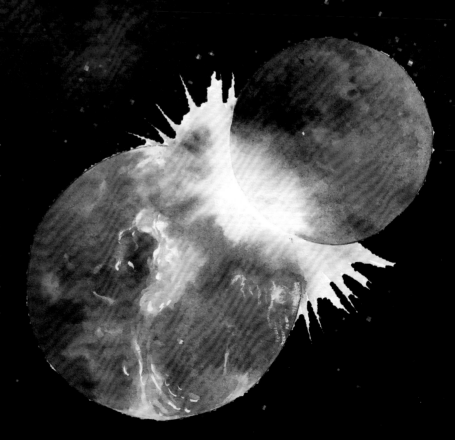

科学家探测出来最可怕的一次撞击，是地球的姊妹行星"忒伊亚"的撞击。它同火星大小差不多。科学家推测大约45亿年前的某一天，"忒伊亚"突然撞上地球，它的大部分物质被地球吸收，但是有一大块被炸飞，并与地球物质相结合，形成了月球。

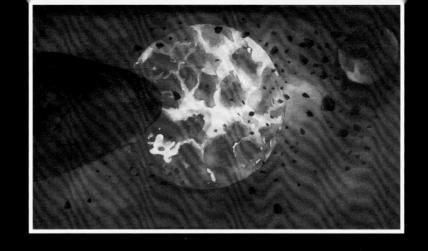

地球形成初期曾被许多小天体撞击

  在这个时期，地球仍然遭遇着流星和陨星的撞击。小陨石在经过地球大气层时就燃烧殆尽了，一些大家伙则直直地撞到地球上，撞击后就形成了陨石坑。单次撞击产生的坑比较深，而多次撞击产生的坑就比较宽，边缘会形成环形山脊和中央穹丘。

地球地层结构

  地壳是地球的表面层，地球上不同位置的地壳厚度不同，大陆地壳的平均厚度约为37千米，海洋地壳的平均厚度约为7千米。地幔位于地球的中间层，厚度约2865千米，主要由致密的造岩物质构成，这是地球内部体积最大、质量最大的一层。地核是地球的核心部分，位于地球的最内部，温度为4000～6800摄氏度。地球的外地核是由铁、镍、硅等物质构成的熔融态或近于液态的物质组成，这些导电液体的螺旋流动产生了磁场。

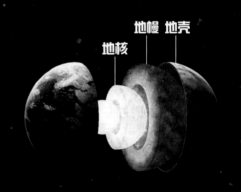

地幔 地壳

地核

80千米
中间层

48千米
平流层
臭氧层

18千米
对流层

散逸层

483千米

暖层

 大气

大气层约有1000千米厚，离地表越近，大气的密度就越高，大气中含量最高的是氮气和氧气，占比分别为78%、21%。剩余的气体包括氩、二氧化碳以及水蒸气等。

 ## 地球的公转与自转

　　地球以29.79千米每秒的速度，沿着一个偏心率很小的椭圆绕着太阳公转。走完大约9.4亿千米的一圈路程要花365天又5小时48分46秒，即大约一年。日地平均距离是1.5亿千米。

　　地球绕自转轴自西向东转动，从北极点上空看呈逆时针旋转，从南极点上空看呈顺时针旋转。地球自转一周的时间是1日。地球自转使得南、北半球发生昼夜交替，日月东升西落。

臭氧洞

　　臭氧是大气里的氧经过紫外线的照射发生化学作用产生的。它能阻挡对生物有害的辐射——紫外线。

　　1985年，科学家在南极上空的臭氧层中发现了一个大空洞以及数个小空洞。经查证，这些空洞是由人造氯氟烃（氟利昂）的释放所造成的。目前，世界上各个国家已经禁用这种化学物质，臭氧层得以逐渐恢复正常。

地·球——人类赖以生存的星球

顽皮的大气会逃跑

太阳的热力让地球大气最外层的气体分子变得活跃。在高温的作用下，一些气体分子可以挣脱地球引力的束缚而"逃"到地球大气层之外的宇宙中去。每天，地球大气层都有一定数量的气体分子"逃跑"。

较轻的氢分子是最容易飞到大气层外面的。不过，大家也不用担心氢元素会在地球上消失。由于地球具有地心引力，在散逸层消耗一些气体分子的同时，也吸引了大气层外的物质进入大气层，所以基本是处于平衡状态的。

磁场是地球的隐形外套

地球的地核涌动着炙热的液态金属，这些流动的液态金属产生电流，电流产生磁场。强大的磁场就像地球的一件隐形外套，保护着地球免受太空各种致命的辐射侵害，也可以使通信设备正常工作，避免来自太阳磁场的干扰。

地磁场的南北极

地磁场和磁铁一样也具有南北极，不过，地磁场的南北极和地理南北极正好相反。地磁北极在地球的南极，而地磁南极在地球的北极。在南北极附近的地磁场是最强的，远离极地的赤道附近的磁场则是最弱的。

磁极在不断移动

　　据科学家们研究，从19世纪初期至今，地磁北极已经向北移动了超过1100千米。磁极的移动速度不断加快，据估计，现在每年地磁北极向北移动大约64千米，20世纪每年大约移动16千米。

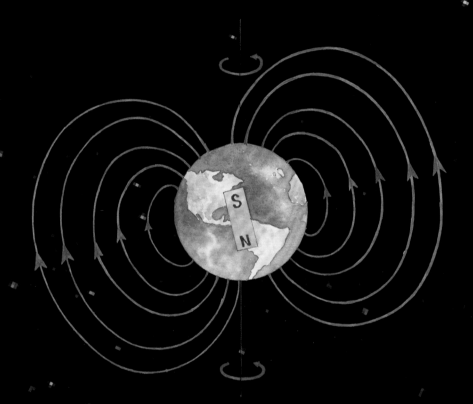

两极颠倒

　　地球每20万～30万年，磁极就会颠倒一次，这样的循环已经持续了2000万年了。完成一次逆转往往需要几百年甚至数千年，在这段漫长的时间里，地球的磁极逐渐远离地球的自转轴，最终两极变换位置。

不停变化的重力

由于地球不是一个完美的球体，它的质量分布并不均匀，这意味着重力的分布也不均匀。冰河时代堆积的冰一直在融化，融化后的冰水流向其他区域，冰川的质量就减小了，所以在原来的冰川处的重力也会变小。

指南针的秘密

受到地磁场的作用，无论如何晃动指南针，它的指针在静止时总是指着固定的南北方向。这是由于指南针的指针带有磁性，所以能够用来辨别方向。

潮汐

　　海水的定时涨落叫作涨潮与落潮，白天海水的涨落叫潮，夜晚海水的涨落叫汐，所以海水水位定时的涨落叫作"潮汐"现象。海水之所以能定时地涨落，是由于月亮与太阳对海水有引力作用。海水是流动的液体，在引力的作用下，海水会向吸引它的方向涌流，从而形成明显的涨落变化。

地球被压扁了

地球看起来就像一个被压扁的球体，这是由于地球在围绕地轴自转时，不同纬度的地方因为转速不同，所产生的离心力也不同。两极转速慢，离心力小；赤道转速最快，因此离心力最大。地心引力和离心力的相互作用，使得地球看起来像一个两极略扁的球体。

地球另一面的人脚上要涂胶水吗

众所周知，地球是一个近似圆球的椭圆球体。那么，生活在另一面的人岂不是倒立着的？他们会不会掉到宇宙中呢？事实上，所有人都站得牢牢的。因为地球具有吸引物体的地心引力，不管生活在地球的哪一面，都会被地球牢牢地吸住，不会掉到宇宙中去。

由于地心引力的作用，同一个人在印度沿海地区测得的体重比在太平洋的南部测得的体重要轻一些。

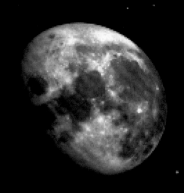

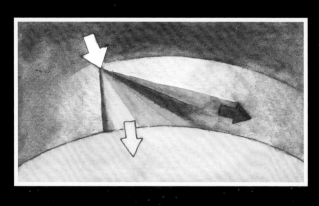

 ## 天空的颜色

我们在晴朗的日子里抬头仰望，能看见蔚蓝的天空。为什么天空会是蓝色的呢？

看似白色的太阳光其实是由红、橙、黄、绿、蓝、靛、紫七种颜色一起组成的。当阳光透过高空射向地面时，围绕在地球周围的大气层会与灰尘发生碰撞而向各个方向扩散。红、橙、黄等长波光很容易穿透微粒到达地面，而蓝、靛、紫等短波光会被空中的微粒拦住，向周围散射开来。所以空气中就只呈现蓝色的光了。

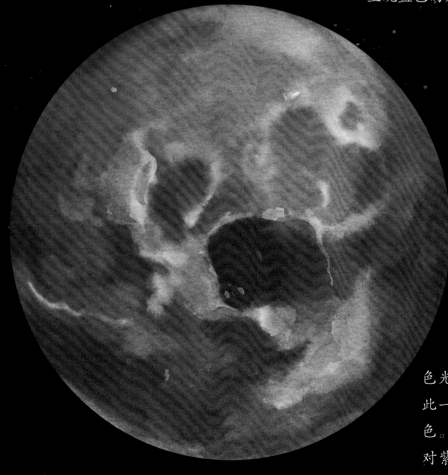

其实在大气中波长较短的紫色光比蓝色光散射得还要多，如此一来，天空看上去应该呈现紫色。但由于人类的肉眼对蓝光比对紫光更为敏感，所以天空才会呈现蓝光。

地球早期的海洋与今天我们所见的海洋是完全不同的。原始的海洋，海水也不是咸的，而是酸性的液体，水温能够达到100℃。经过亿万年的变化，才变成了大体均匀的淡水。这些水不断蒸发，降落到地面上，并把陆地上岩石中的大量盐分带到原始海洋中去，日复一日，年复一年，海洋中的淡水就变成了盐水。经过亿万年的累积融合，才有了如今这样含盐量大体均匀的海水。那么，地球上的水是从哪里来的呢？

海洋形成示意图

最初的海洋可能覆盖了整个地球。随着时间的推移，火山喷发产生了较轻的岩石，这些岩石构成了大陆。陆块之间低洼的盆地被海水填满后就成为现在的海洋。

 ## 彗星送水说

　　宇宙物理学家认为，水只会存在于太阳系中较为寒冷的区域。比如，在火星和木星轨道之间有一个小行星带，这些小行星中，就有部分小行星有水存在。有可能在39亿年前，一部分光临过地球的彗星就是地球的"送水人"。

 ## 地球自带水说

　　传统的观点认为，水是地球形成时从星云物质中产生的，通过地球的不断演化从深部释放出来。在火山活动区和火山喷发时，都会有大量的气体出现，其中绝大部分是水汽，这正好印证了这个观点。

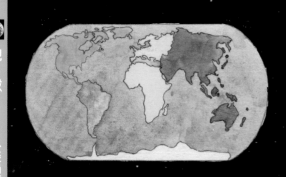

连在一起的超级大陆

地球上的陆地原本是一个整体。大约2亿年前，经过多次撞击的板块慢慢漂离，最终形成当前的大陆构造。地球内部的热运动导致地壳发生了移动，所以地球才变成了现在的样子。

板块现在还在动

地球是唯一拥有板块构造的行星。它由6个重要板块构成，板块每年都会向不同方向移动10~16厘米。地震和火山爆发也是由板块移动、撞击造成的。

这些地质运动有助于碳的循环和补给。碳是构成生物的基本元素，所以板块移动等于让已知的生命形式继续下去。

世界板块构成图，显示了地球各板块的分界线

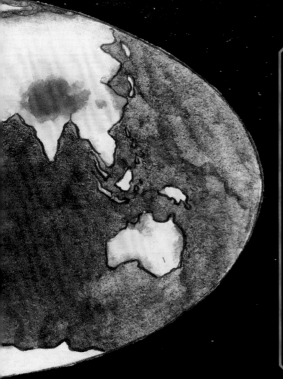

人为什么感觉不到地球在转动

地球时刻在转动着，所以板块才会发生移动。实际上，你可能正在以每小时超过1000英里（1609千米）的速度旋转，位于赤道的人旋转速度最快，而在北极或南极的人可能没有旋转。由于我们周围的一切事物同我们自己一起被地球带着转动，所以我们感觉不到地球在转动。

　　板块构造学说将地壳
分为六大板块，冰岛大裂
谷是欧亚板块和北美板块
的分界线。

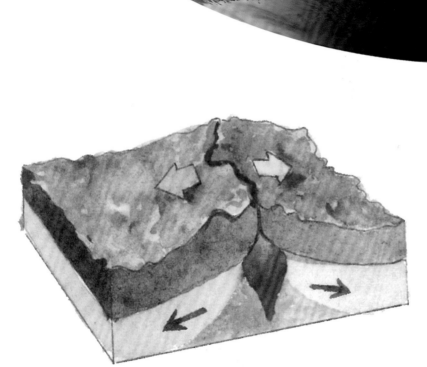

两个海洋板块交错，板块变形的同时会发生地震。

两个海洋板块分开时，岩浆就会从中间涌出来。

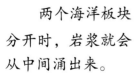

两个板块相会，密度大的那块会下沉到另一块的下方。

板块移动会给地球带来什么变化

　　地球上所有的板块移动，都会造成地球地貌发生很大变化，比如，两个板块相互分离，在分离的地方会出现新的低洼地带和海洋；两个板块靠拢或是发生碰撞，就会形成新的山脉。

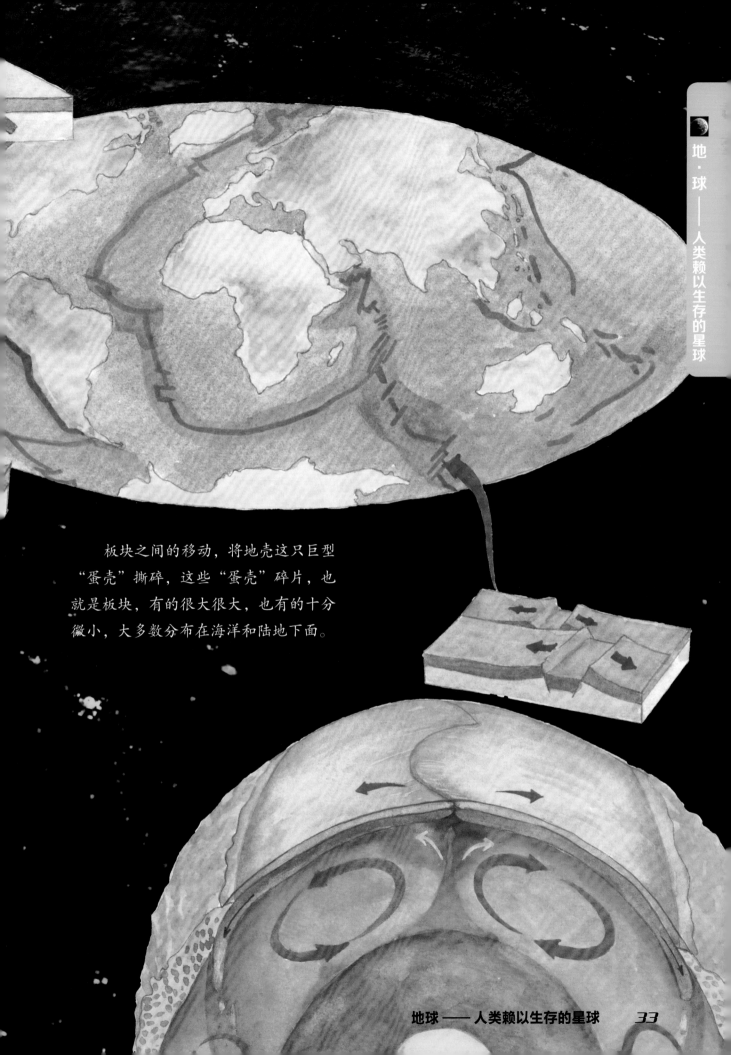

板块之间的移动，将地壳这只巨型"蛋壳"撕碎，这些"蛋壳"碎片，也就是板块，有的很大很大，也有的十分微小，大多数分布在海洋和陆地下面。

地震是如何发生的

　　地球的板块每时每刻都在运动，板块与板块之间会发生挤压或是碰撞，造成板块边缘和板块内部产生错动、破裂、折断，这时，就会发生地震。

　　震源是在地球内部直接产生破裂的地方，也是地震开始发生的地点。震源深度是指从地面垂直向下到震源的距离。震中，就是地面上正对着震源的点。震中距，是从震中到地面上任何一点的距离。

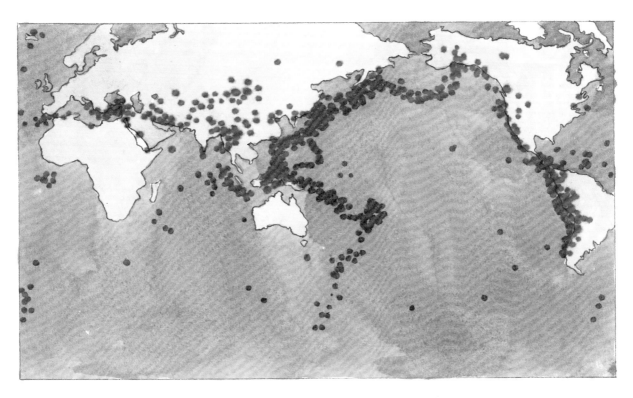

板块与板块的边界处，闭锁时，板块仍然会发生移动，这时，就会造成板块边缘弯曲，弯曲到一定程度会导致边界破裂，这种突然的破裂，就会带来地震。

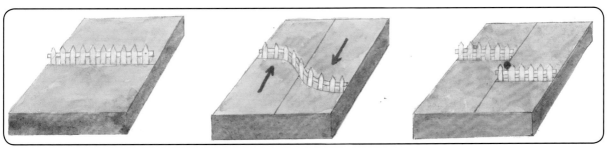

闭锁　　　　　　　　**弯曲**　　　　　　　　**折断**

地壳板块会慢慢滑动。在滑动的过程中，会造成路面断裂，也会触发一些小的颤动。这种小的颤动不易被察觉，所以人有时感知不到。

两个大陆板块相撞，会发生挤压重叠现象，褶皱使岩床上升，形成碰撞山脉。喜马拉雅山脉就是典型的例子。

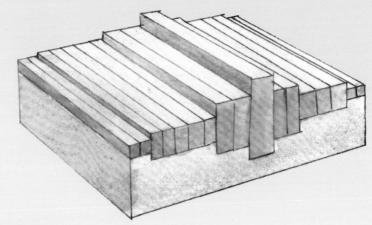

海洋板块与大陆板块碰撞后，海洋板块下沉，沉入大陆板块下方，大陆板块受巨大压力的影响，发生褶皱和扭曲，形成海岸山脉。

山脉的形成跟地壳运动有关

地球上山脉纵横，一条条山岭和一座座山谷组成了许许多多庞大的山体。山脉是怎样形成的呢？原来，地壳运动过程中产生了相当强大的水平挤压力，造成大陆板块与板块之间互相碰撞，再加上大陆板块边缘也会受到挤压，山脉就这样出现了。

不断地挤压产生大量褶皱

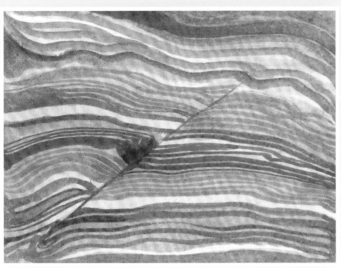

逆冲断层上变弯曲的岩层

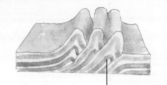

褶皱和断裂不断堆积

地壳的岩层被挤压后，就会弯曲形成褶皱。这种褶皱，分为静态褶皱构造山地和动态褶皱构造山地。

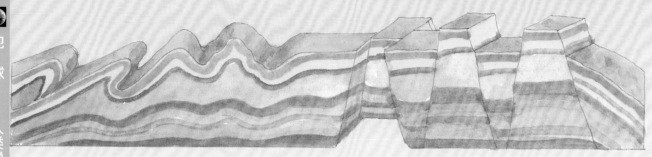

大陆板块不断移动，出现了褶皱、断层、扭曲，让地球的表面呈现出各种复杂的地形。

地球上不同的地貌特征，大多是由侵蚀和风化造成的。比如，在一些高海拔的地方，终年积雪会形成座座冰山。一些冰川如果向下滑动，就会出现山谷。

山脉也有"根"

在19世纪末20世纪初，有一项伟大的地质发现——山脉不只有地球表面的地貌特征，还有着深深的"根"。并且，这些地方的地壳相比其他地方要厚得多。

这是一张地质图，黄色、蓝色部分代表在四亿多年前地质运动时发生移位的岩石。而橙色区域，是地壳在几十亿年前最初形成的岩石。

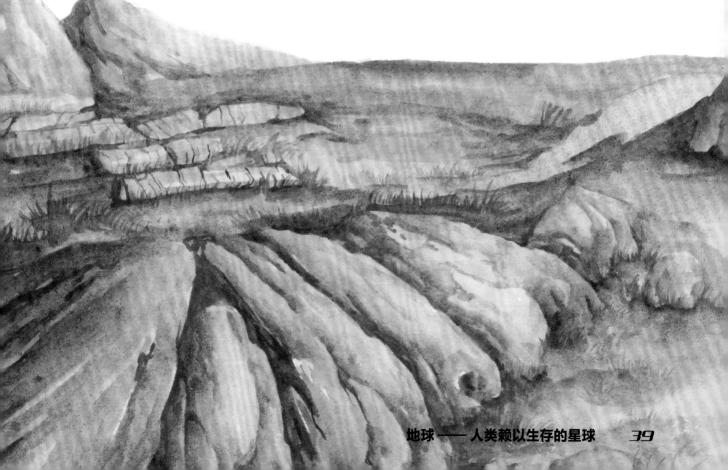

山脉和山地不一样

地球上的山脉不是指一座山，而是由一条条山岭和一座座山谷组成的山体，因为地壳运动后形成了很明显的褶皱。山地的褶皱不明显，山脉和山地就显得不同。

波浪的冲击，渐渐地改变了海岸线。

泥沙从上游流下来，被带到海水中。

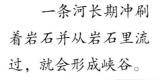

一条河长期冲刷着岩石并从岩石里流过，就会形成峡谷。

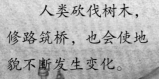

人类砍伐树木，修路筑桥，也会使地貌不断发生变化。

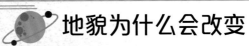

地貌为什么会改变

地球表面有各种各样的形态，比如山地、高原、峡谷、丘陵、沙漠、平原等，形成这样丰富的地貌，与地质的内力、外力作用有很大关系。像地震、火山爆发、风化、流水、太阳辐射、大气等，这些外力都会导致地貌发生变化。

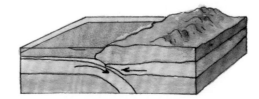

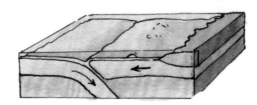

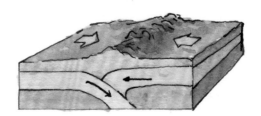

🪐 山不都是一样的

　　山有很多种，有高达数千米的雄峰，也有又矮又缓的山丘。很多山聚在一起可以形成山脉。高山是高出周围地面的一种地形，是陆地的隆起。在世界的许多地方，都能看到连接在一起的大山，这些绵延千里的大山就是山脉，如安第斯山脉、喜马拉雅山脉等都是世界著名的山脉。

世界上最长的山脉

　　世界上最长的山脉是南美的安第斯山脉。它纵贯南美大陆西部，北起加勒比海岸，南至火地岛，全长8900余千米，被称为"南美洲的脊梁"。

不断长高的山脉

　　喜马拉雅山脉是由印度洋板块和欧亚板块碰撞形成的。地壳的运动是持续不断的，因此喜马拉雅山的高度也随之变化。它以每年1～2厘米的速度递增，不太容易被人们察觉。

高高低低的地貌

　　风、雨、流水等长年侵蚀着山和高原，便形成了多样的地貌。裂谷是地球上最奇特的地貌之一。当相连的板块发生分裂的时候，它们之间就会产生一个巨大的裂谷。裂谷可以造就一条深陷大地的裂缝，也可以造就一片深入陆地的海洋。

"地球的伤疤"

陆地板块的运动形成了裂谷，所以地球上的裂谷大多分布在陆地上板块运动相异的地方，如非洲和亚洲之间，或者北美大陆上的一些地方。东非大裂谷是地球上最大的裂谷，被称为"地球的伤疤"。一些地理学家预言，未来非洲将在裂谷处分裂，现在的非洲板块也将分裂成两个板块。

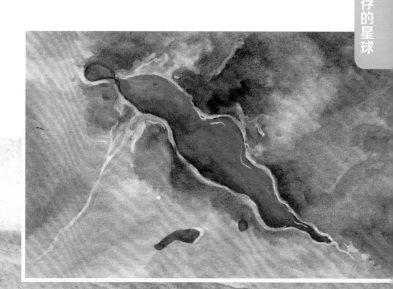

高低不平的地面是怎样形成的

地球的表面高低差异很大，有像山一样高耸的地方，有像海沟一样凹陷的地方，有一望无际的平原，也有蜿蜒起伏的丘陵。地球中心不断散发着热量，导致地幔一直在运动，造成了地面的高低不平。

　　侵蚀指风力、流水、冰川、波浪等外力
在运动状态下改变地面岩石及其风化物的过
程。从作用来源来看，包括河流侵蚀、风力
侵蚀、冰川侵蚀、海浪侵蚀和溶蚀等。

　　其中以河流的侵蚀作用最为明显，古人
说"滴水穿石"不是没有道理的。

 沙漠风

　　沙漠风属于风力侵蚀，沙漠里没有充足的可以固定土壤的植被和水分，所以风很容易把松散的沙刮起来，从而形成沙暴。受风沙撞击的岩石也会磨蚀成沙，进一步增强风的侵蚀力。

雅丹地貌

　　在中国的维吾尔语中，"雅丹"是"陡峻的小山丘"的意思，主要是形容新疆孔雀河下游雅丹地区典型的风蚀性地貌。夹沙气流磨蚀地面，使地面出现风蚀沟槽。磨蚀作用进一步发展，沟槽逐渐扩展成了风蚀洼地，洼地之间的地面相对高起，成为风蚀土墩。

火星上也有雅丹地貌

地球上的雅丹地貌主要分布于干旱的沙漠边缘地区。这种地区降雨量少，几乎没有植被，所以风蚀作用特别强烈。科学家们通过观测，发现在地球以外的行星上也分布有雅丹地貌，如在火星赤道附近的美杜莎槽沟层上分布着大面积的雅丹地貌。

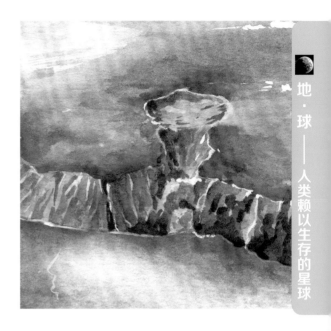

喀斯特地貌

喀斯特地貌是指具有溶蚀力的水对可溶性岩石进行溶蚀所形成的地表和地下形态的总称，又称岩溶地貌。喀斯特地貌包括溶洞、天坑以及溶洞内部的石柱、石笋、钟乳石等景观。

 ## 溶洞是怎么形成的

溶洞是一种天然的地下洞穴。在漫长的岁月里，由含有二氧化碳气体的地下水逐渐对石灰岩进行溶解而形成溶洞。溶洞在形成过程中不断扩大，并且相互连通，从而形成了大规模的"地下世界"。

　　中国库车天山大峡谷又称克孜利亚大峡谷，是天山支脉克孜利亚山中的一条峡谷，由红褐色岩石经过大自然亿万年的风刻雨蚀形成。峡谷区域平均海拔1600米，最高峰大约为2048米。组成峡谷的奇峰群山由赭色的泥质沙岩构成，当地维吾尔语叫作"克孜利亚"，即红色的山崖。

 **钟乳石**

　　地下岩洞的洞顶有很多裂隙，被含有二氧化碳的水分解后，生成碳酸氢钙溶液，石灰质沉淀下来，渐渐长成了钟状的钟乳石。钟乳石的生长速度十分缓慢，大约几百年才能长1厘米。

 **石笋**

　　岩洞最顶端的水滴落下来时，里面所含的石灰质在地面上一点点沉积起来，犹如一根根冒出地面的竹笋。由于石笋结构比较牢固，所以它的生长速度比钟乳石快。有的石笋能达到30多米高，形成石塔。

羚羊峡谷必须由当地的合格导游带领参观，否则，只要一场大雨，这狭窄的"天堂"瞬间就可能变成一处急流奔腾、绝无逃生可能的"地狱"。

洪水的作品——羚羊峡谷

位于美国亚利桑那州北方的羚羊峡谷是世界上著名的狭缝型峡谷之一。峡谷里常有大群的羚羊漫步，这就是羚羊峡谷名字的由来。这里的地质构造是红砂岩，柔软的砂岩经过百万年的洪水与风力侵袭，形成了奇特的岩石层，而且呈现出一圈圈的红色斑纹，美丽得如梦幻世界。

在风季，只要下一场暴雨，就会有洪流流入羚羊峡谷中。暴增的雨量让洪流速度加快，峡谷里狭窄的通道让洪水的侵蚀力也变大了。就这样谷壁上形成了坚硬光滑、好似行云流水般的痕迹。

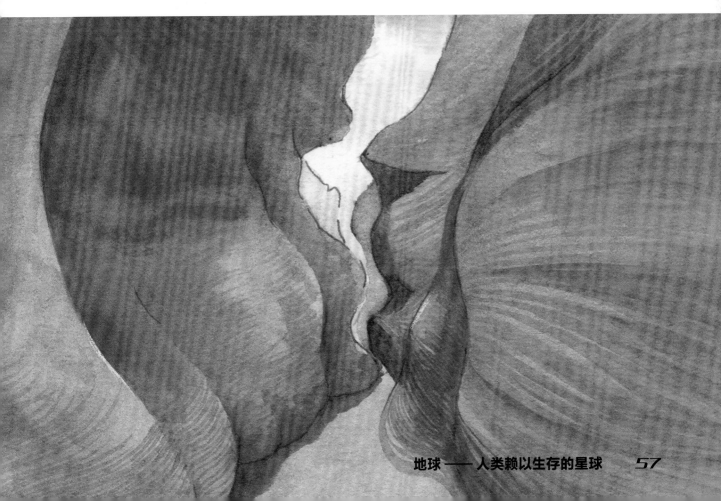

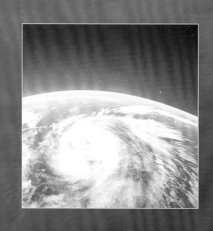

 ## 气候的调节

　　地球上气候的变化主要由海洋来调节，海洋通过海水温度的升降和海流的循环，并通过与大气的相互作用影响地球气候的变化。主要受海洋影响的地区，气温的变化都比较和缓，年较差和日较差都比大陆性气候小。春季气温低于秋季气温。全年最高、最低气温出现时间比大陆性气候的时间晚。在热带海洋多风暴，如北太平洋西南部与中国南海是台风生成和影响强烈的地区。热带风暴（包括台风）是一种十分可怕的气象灾害。

 ## 海水温度的特点

　　陆地既不透明又不流动，它不能很好地传热和储存能量，所以在炎炎烈日下，地面就会变得非常炎热。而海洋则不同，它吸热能力非常强。但由于海洋面积太大，所以海水的温度也不会很高。到达地球的大部分太阳能被海洋吸收并存储起来，海洋就成了地球上巨大的热能仓库。

大气层

除了大陆的漂移，地质变化同样也在影响着海洋。这些变化使有些海洋上升成为陆地，有些陆地下陷形成海洋，还有些海洋扩张成为新的海洋。例如，现在的喜马拉雅山脉，在很久以前就是一片海洋，由于欧亚板块和印度板块挤压隆起，才变成了今天的样子。

暖流

寒流

洋流

洋流分为暖流与寒流。暖流的水温比所到区域的温度高，对沿途气候有增温、增湿作用。而寒流的水温比所到区域的温度低，能使经过的地方气温下降，减湿。

 ## 墨西哥湾暖流

墨西哥湾暖流简称湾流，是世界大洋中最强大的一支暖流。墨西哥湾暖流规模十分巨大，它宽100多千米，深700米，总流量为7400万～9300万立方米每秒，流动速度最快时每小时9.5千米。刚出海湾时，水温高达27～28℃，它散发的热量相当于北大西洋所获得的太阳光热的1/5。它像一条巨大的"暖水管"，携带着热量，加热了所有经过地区的空气，并在西风的吹送下，将热量传送到西欧和北欧沿海地区，使该地区呈现暖湿的海洋性气候。

每当我们打开世界地图，或者旋转地球仪的时候，首先映入眼帘的是大片的蓝色。据科学家研究，地球表面的面积是5.1亿平方千米，其中海洋的面积为3.61亿平方千米，占据地球总面积的71%，是陆地面积的2.4倍。地球上大部分的面积都被海洋占据。

印度洋

印度洋是世界的第三大洋，位于亚洲、大洋洲、非洲和南极洲之间。约占世界海洋总面积的20%。印度洋的大部分都位于热带。幽深的爪哇海沟在印度洋东缘，是世界上最活跃的地震带，经常发生灾难性的海啸。

北冰洋

北冰洋是世界最小的大洋，北美洲、欧洲和亚洲环绕在它四周。在北冰洋中，靠近北极的海域常年处于冰冻状态，冬天覆盖在这一海域上的冰是其他季节的两倍多。

太平洋

太平洋是世界上最大、最深的大洋，最宽的地方几乎横跨半个地球。太平洋非常辽阔，面积约为1.56亿平方千米，平均深度3970米，最深处马里亚纳海沟深10924米。过去的太平洋比现在还要宽，但是随着大西洋的不断扩张，太平洋的面积在逐渐缩小。太平洋中火山岛和海山星罗棋布。洋底海沟纵横交错，地球的最低点也在太平洋中。

大西洋

大西洋形成于1.8亿年前，最初它只是地壳中的一条裂缝，将广袤大陆分割开来。由于裂缝不断扩大，新的岩石形成了宽阔的洋底，裂缝形成了大西洋中脊。如今的大西洋约占地球表面积的20%，平均深度3627米，最深处波多黎各海沟深达9219米。

透明度最高的海——马尾藻海

　　马尾藻海是位于北大西洋中部的一个海域，因漂浮大量马尾藻而得名。马尾藻海最明显的特征是透明度高，是世界上公认的最清澈的海。海水碧青湛蓝，可见深度达66.5米，个别海区可达72米。1492年，哥伦布横渡大西洋时发现了这片海域，船队发现前方视野中出现大片生机勃勃的绿色，他们以为陆地近在眼前了，可是当船队驶近时，才发现"绿色"原来是水中茂盛的马尾藻。哥伦布在这里被围困了一个月，最后在全体船员的努力下死里逃生。

最淡的海——波罗的海

　　波罗的海是世界上盐度最低的海，也是地球上最大的半咸水水域。波罗的海的海岸复杂多样，海岸线十分曲折，南部和东南部是以低地、沙质为主的海岸，北部以高陡的岩礁型海岸为主。海底沉积物主要有沙、黏土和冰川软泥。波罗的海中岛屿密布，港湾众多，散布着各种奇形怪状的小岛和暗礁。自然资源丰富多样，造就了波罗的海的独特美景，吸引全世界的游客前往。

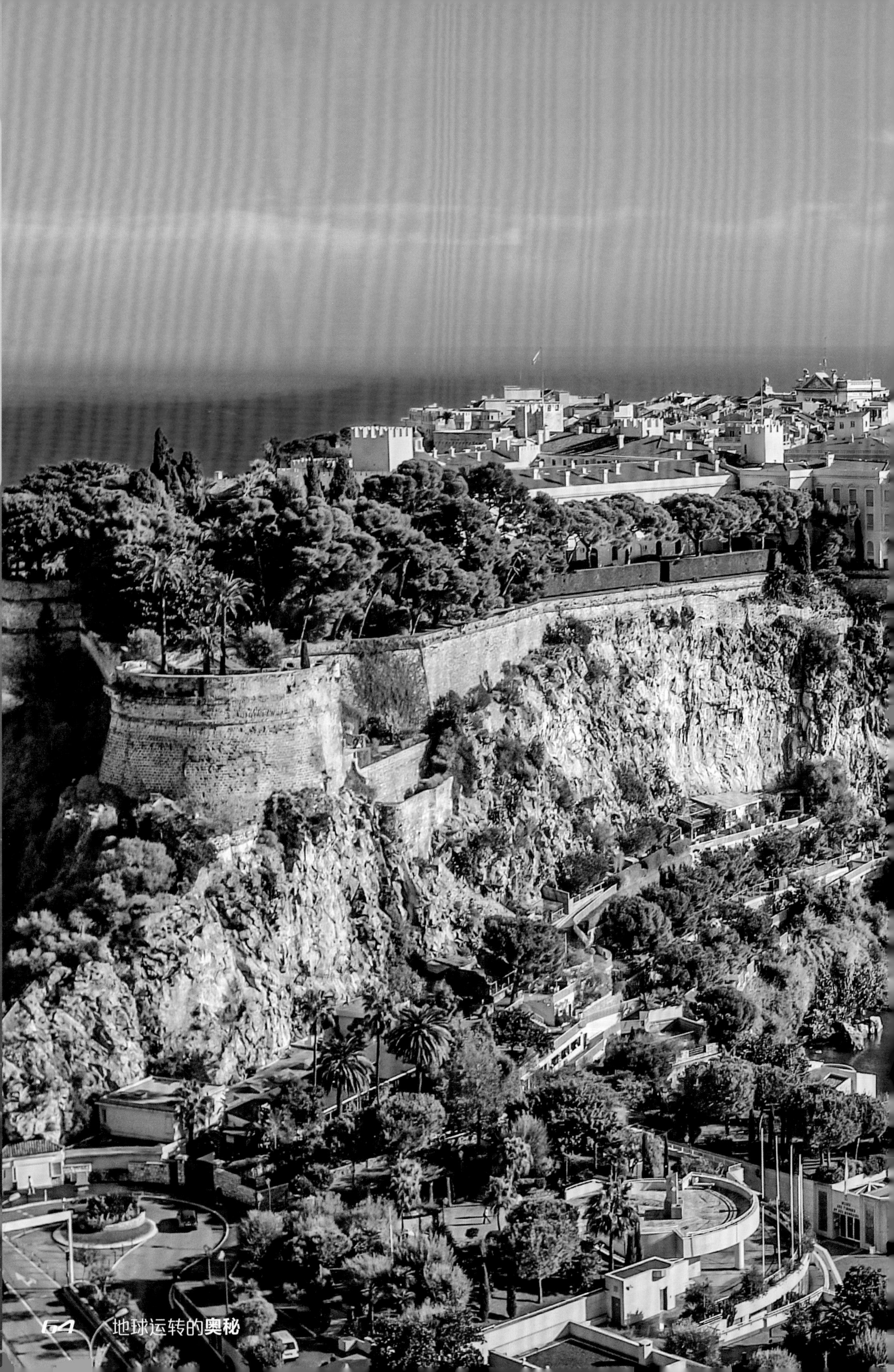

地中海最美的港湾——摩纳哥

摩纳哥位于地中海海边峭壁上，面积仅有2.02平方千米，是世界上第二小的国家。这里不仅有阳光、沙滩、海水，还有每年的蒙特卡罗F1方程式赛车活动，吸引数万人涌进摩纳哥。

气流

大气低层中的空气被太阳光照射加温以后，会以气流的形式进行流通。太阳对地球表面的加热是不均匀的。赤道是阳光照射时间最长、最充足的地方，大量的暖热空气上升后向南北两侧移动，到达阳光不足的两极以后变冷下沉，就这样形成空气的循环流动系统。

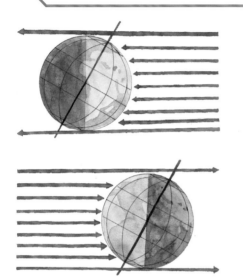

气流影响了气候

气流带着热量从热带地区转移，赤道的附近产生了温暖潮湿的气候带；距离较远的偏南和偏北区域由于没有水汽，所以是干燥的沙漠气候。两极地区离热带太过遥远，气候干燥又寒冷。

根据热胀冷缩的原理，气体受热则发生膨胀，致使内部压力降低。因此当两地温度不同时，空气的压力也会不同。这时，空气就会从气压高的地方流向气压低的地方，这样风就吹起来了。

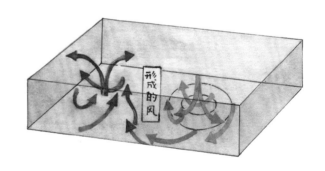

形成的风

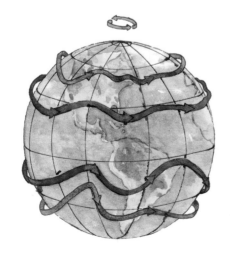

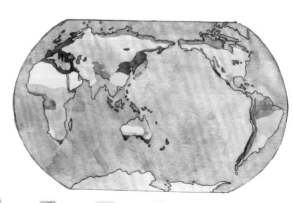

温带大陆性	热带草原	热带沙漠	寒带	温带海洋性	高原山地
热带雨林	热带季风	地中海	亚热带季风	温带季风

当两种带不同电荷的积雨云接近时，会互相吸引而出现闪电。闪电能把空气加热到大约30000℃，导致空气迅速膨胀。不断膨胀的空气产生冲击波，最终"嘭"的一声发生爆炸，这就是众所周知的打雷。

凶猛的雷电

闷热的午后或傍晚，地面的热空气携带着大量的水汽不断上升到空中，形成大块的积雨云。积雨云受到地面上升的热气流冲击，会发生电离，产生大量的电荷。

卡塔通博闪电是全球最为令人惊叹的大气现象之一，也是地球上最大的天然"发电机"。一年中过半的日子，委内瑞拉的孔古米拉尔多村附近都会发生连续的闪电。这里遍布着雷积云，发出的巨大电弧可达2~10千米，强度高达40万安培。

夜晚，白色、红色和紫色的闪电照亮天空，由于卡塔通博闪电发生时能轻易地被402千米外的人看见，所以当地渔民在夜晚航行时把闪电作为灯塔使用，卡塔通博闪电又被称为"马拉开波灯塔"。

千姿百态的云

　　云没有固定的形状，它的形状是随时变化的，所以说云是"千姿百态"的一点也不为过。洁白、光亮、一丝一缕的云叫"卷云"，弥漫天空、均匀笼罩着大地、看不见边缘的云叫"层云"，一堆堆、一团团拼缀而成并向上发展的云叫"积云"。

不散的云

　　在一些地方，因为地形或其他原因，常年笼罩着云层，这些云带来了非常多的降雨，甚至可以把这个地区变为沼泽地。

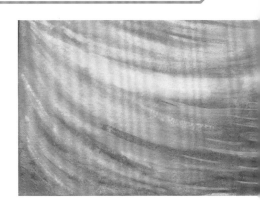

看云识天气

　　气象学家根据云的高度或外形，把云做了详细的分类，如卷云、层云和积雨云。这些云的变化都是有一定规律的，通过对比不同的云，就可以对未来的天气进行预测，所以气象工作者常常通过观察云来预测未来的天气。

积雨云

有一种好像山峰一样高耸的云，叫"积雨云"，它会给我们带来强烈的降雨。有的积雨云非常高，甚至比珠穆朗玛峰还要高。

像一条吸管的云朵

管状云被优雅地称为"晨暮之光"，是澳大利亚昆士兰州约克角半岛附近产生的特殊云朵。最长可以延伸到约966千米，移动的速度最快可达每小时56千米。飞行员最怕穿越这种长条状的云朵。

管状云的形成：东边吹来的秋风在白天吹过半岛，在深夜遭遇来自西海岸的海风，两股海风撞击在一起后转向西南方重回内陆。潮湿的海洋空气在早晨升起，遇到这一股交缠的海风，迅速冷却凝结，从而形成一条条管状的云朵。

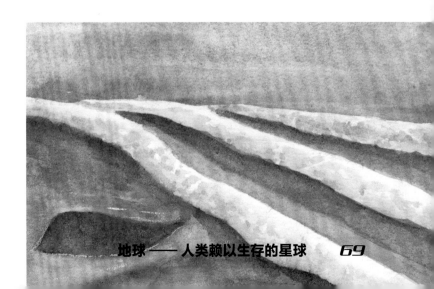

彩虹是小水珠搭建的"桥"

雨过天晴之后，在与太阳相对方向的天空中，可能会出现一道弯弯的彩虹。这是由于雨后的空气中有很多小水珠，当阳光照射到这些小水珠时，光线就会发生多次折射，经过这个过程，阳光中原有的七种颜色被分离开了。

 ### 火焰彩虹

火焰彩虹不是我们常见的半圆形，看起来更像彩虹堆积在云层之上自发地燃烧，这种现象叫作"环地平弧"。火焰彩虹是一种极其罕见的光学现象，形成的条件非常苛刻——只有太阳与地平线成58度角，同时在约6100米的高空上存在卷云时，才会形成这种冰晶折射现象。

流水不断，生命不息

　　水是人类的宝贵资源，也是一切生命之源。海洋汇聚了地球上绝大部分的水，它和冰川、河流、湖泊等共同组成地球上的水体。它们持续不断的运动构成水的循环，保证了地球上生命的存在。

 ## 地球上有几种水

　　地球上的水按照分布的空间不同，分为地表水、地下水、大气水和生物水。地表水主要指露在地面上的河流、湖泊的水；地下水主要是泉水和在地表以下流动的暗河，这是部分湖泊和河流的水源；大气水是大气中存在的水分；生物水就是储存在动植物体内的水分了。

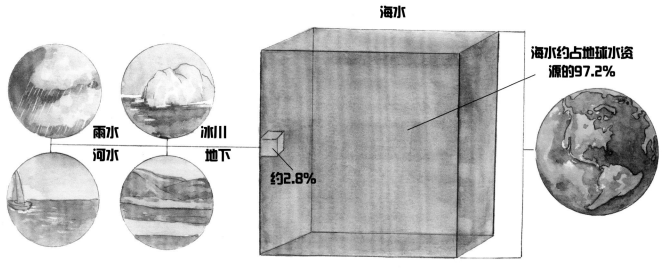

海水

海水约占地球水资源的97.2%

雨水　　　　冰川
河水　　　　地下

约2.8%

地球水体比例示意图

小水滴的大循环

　　地球上的水分子在日复一日地循环。太阳照耀海洋，蒸发产生大量的水蒸气，随着气流来到陆地上空，遇到冷空气便凝结为雨、雪等落到地面。地面上的水一部分被蒸发返回大气，另一部分则流入江河湖泊或者地下暗河，最终都会回归大海。

雨水的地下旅行

　　从空中降落的雨水，有一大部分渗进了地下。渗进地下的雨水，在经过土层的时候可以为植物提供水分，滋养万物。更多的雨水透过层层土壤和岩石，进入地表深处的地下暗河，成了地球的储备水源。

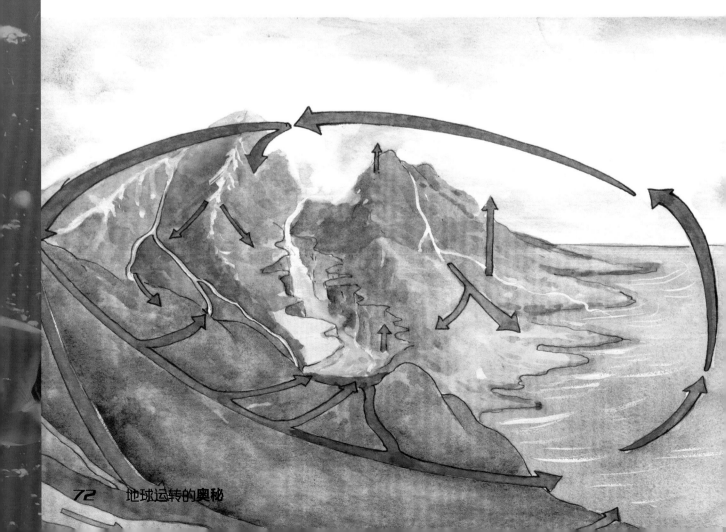

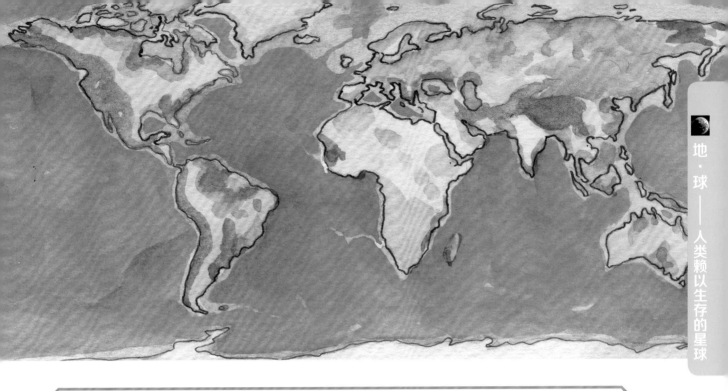

海洋和陆地哪个更宽广

地球的表面分为海洋和陆地两部分。陆地约占地球表面积的29%，海洋约占71%。由于海洋占据了大量面积，在太空中看到的地球是一颗美丽的蓝色星球，所以，地球又被称为"蓝星"。地球上种类众多的生物以陆地或海洋为家园繁衍生息。

在神秘的大海里淘金

地球表面大部分被海洋覆盖，然而人类探测过的海洋大约只有5%，也就是说，地球上95%的海洋至今还是不为人知的陌生领域。

辽阔的海洋充满财富，海水中含有大量的金元素，估计总重量超过2000万吨。然而每升海水仅含约一百三十亿分之一克的金，含量很少。还有大部分不溶于水的金子藏在深海的岩石里，现在还没有获得这些贵金属的有效方法。

 ## 河流的礼物

　　河流在大地上流淌，经过山地平原，沿路侵蚀着一切，切割出一张纵横交错的水路网络。流水夹杂着沙石和淤泥，一直流到下游地带。这些杂物最终堆积成大面积的沉淀物，让土地变得肥沃，给植物带来养分，也改变了无数的地貌。

河流是孕育文明的母亲

　　河流的力量是巨大的，在它的作用下，高原能变成平地，高山能被切成峡谷。最重要的是，河流能孕育生命。陆地上的所有生命都离不开水源，世界上所有的人类文明几乎都发源于大河边上。尼罗河流域孕育了古埃及文明，而黄河流域孕育了中华文明。

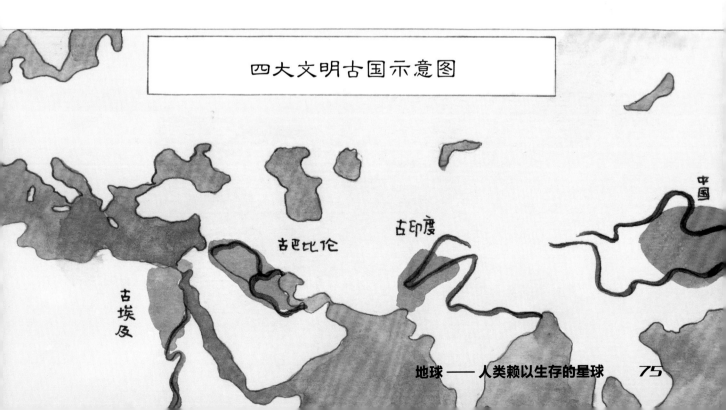

四大文明古国示意图

古巴比伦

古印度

中国

古埃及

神奇的河水倒流

古老的亚马孙河横越南美大陆，把大量的水注入大西洋。但亚马孙河流速缓慢，河床平坦，入海口宽阔，使得河道受到海潮的定期灌注。当海潮比河水高涨时，会把亚马孙河的水流往回推，就出现了神奇的河水倒流现象，这种倒流的距离最多达到800千米。

倒灌的海水还能帮助万吨轮船节省能源。万吨轮船不用开动，就能随着奔腾的水流从海岸直行到巴西中部，航程接近800千米。

 ## 能烫熟鸡蛋的热泉

在火山活跃的水域，地脉底下会有很高的热量。当冰凉的水遇到滚烫的岩石，会以沸腾的热泉形式被喷回地表。而在海洋深处的火山地区，这种情况则会引发超高温热水喷射，形成一条垂直向上的"黑烟囱"。遇到热泉最好躲开，因为热泉的温度有300℃以上，能烫熟鸡蛋。

 ## 喷一会儿歇一会儿的泉水

间歇泉，顾名思义，就是间歇喷涌的泉水。间歇泉喷射的规律通常是喷涌几分钟或几十分钟后就渐渐停止，"酝酿"一段时间后，进行新一轮的喷发。间歇泉分布在火山活跃地区，主要是地下水被加热后向外喷发产生的。由于加热是需要一段时间的，所以就形成了间歇喷发的现象。

湖里的水是永不流动的吗

　　湖泊有内流湖与外流湖之分。内流湖的特点是有进无出，即水流注入某个水域后不会以任何形式再流出去；而外流湖恰恰相反，它的水流从一侧流入，从另一侧流出。

内流湖

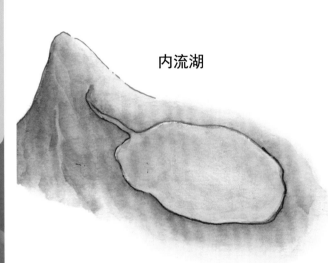

外流湖

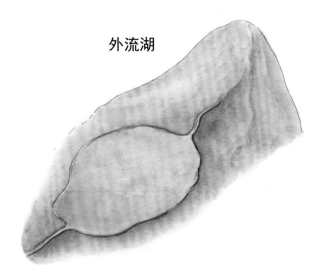

"谜语之海"——贝加尔湖

　　贝加尔湖既有湖的特征，又有海的特点，因此被古代的西伯利亚人称为"谜语之海"。它的湖水没有一点咸味，可湖里却生活着海豹，湖底还有一种长成浓密丛林似的海绵，这是在其他任何湖泊里都找不到的。

湖泊不是一成不变的

湖泊中的水体流动性小，变动小，所以水中携带的泥沙很容易沉积在湖底，使湖底越来越高，最终成为一块陆地。要是湖泊中盐类物质积累得过多，就变成了盐水湖。

神奇的死海

死海不是海，而是盐水湖，位于亚洲西南部的约旦谷地。湖面低于地中海海面约392米，也是世界上海拔最低的湖泊。在死海人们可以躺着看报纸，享受日光浴，不用担心沉下去。这是由于死海的蒸发量很大，而流入死海的水又很少，使得死海的含盐量比普通海洋的含盐量高了七八倍，湖水含盐量越高，游泳者就越容易浮起来。

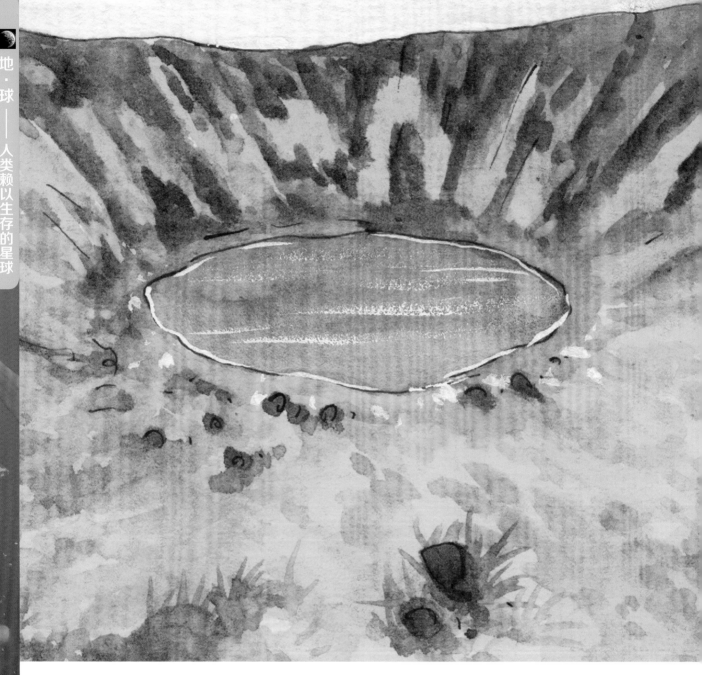

🪐 火山口是如何变成湖的

　　火山喷发后会出现一个凹进去的火山口，像一个巨大的漏斗。经过长年累月的降雨和积雪，这个大漏斗储满了水，从而形成了火山湖。火山湖的水全靠雨露霜雪，所以更换速度并不快，往往要经过上百年，才能完全更换一次。

🪐 恐怖的爆炸湖

　　基伍湖位于刚果民主共和国与卢旺达的交界处，以爆炸而闻名于世。基伍湖富含甲烷，这就意味着一旦这些气体被释放到空气中，就很容易发生爆炸。此外，湖下岩浆释放的二氧化碳，使得湖水中含有高浓度的二氧化碳，会导致附近的人因缺氧而窒息。

最寒冷的沙漠

沙漠不全都是热乎乎的，因为沙漠是靠降雨量来定义的，而不是靠沙子及骆驼。所以，全世界最大的沙漠不是著名的撒哈拉沙漠，而是极度寒冷的南极洲。面积约1295万平方千米的南极洲，每年的降雨量只有203毫米。

第一个抵达南极点的人

历史上第一个成功横穿南极沙漠抵达南极的人是挪威的探险家罗阿尔德·阿蒙森。在1911年，他和四个伙伴乘着狗拉的雪橇，历时50多天，终于成功抵达南极，在南极点上插上了第一根代表人类光临的标杆。

 ## 南极才是最冷的地方

　　南极和北极分别位于地球的两端，终年被冰雪覆盖，温度很低，天气都极其寒冷。由于北极地区覆盖着大量海水，还受到来自南面的暖流影响，所以相对来说没有那么冷。而南极主要由冻土大陆组成，千万年以来都覆盖着厚厚的冰川，相对北极更加寒冷。

 ## 名不虚传的冰山大陆

　　南极的冰层平均厚度为1680米，最厚处可达4000米，冰川总体积约为2800万立方千米；北极的冰层厚度为2～4米，冰川总体积只有南极的1/10。

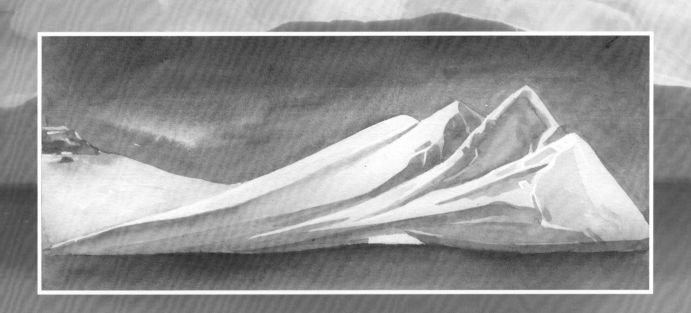

 地·球——人类赖以生存的星球

 ## 太阳带来了极光

在两极地区的晚上，空中时常舞动着弧状、带状或幕状的极光，炫目而美丽。这是在高磁纬地区高空中，大气稀薄的地方独有的一种光现象。极光是太阳风吹到地球后，与地球两极的大气层发生激烈碰撞而形成的。

罕见的红色极光

极光的颜色丰富多样，微弱时呈白色，明亮时是黄绿色，还会变幻成绿、灰、蓝等多种颜色。在阿拉斯加的上空，由于氧的高度电离化，所以就形成了一种非常罕见的红色极光。

日不落的北极夏季

在北极地区的夏季，太阳总是斜挂在空中，始终不落山，整个北极地区，不论白天夜晚，都暴露在阳光之下，这种现象被称为"极昼"。

北极夏季可能不再大规模结冰

由于全球气候变暖，北极的冰山融化加速，高温让冬季缩短，北极海冰消融将超出正常的速度，结冰的速度跟不上融化的速度，所以，短时间之内北极在夏季将不会再有大规模结冰现象。

极昼又称永昼或午夜太阳，是在地球的极圈范围内，一日之内，太阳都在地平线以上的现象，即昼长等于24小时。由地球公转和黄赤交角而形成。极夜，就是与极昼相反，太阳总不出来，天空总是黑的。

冰屋一点也不冷

因纽特人是居住在地球最北端的民族。因为他们常年生活在冰天雪地中，所以他们的房子也是用冰和雪砌成的，叫作"冰屋"。这种冰屋阻挡了寒风，也隔绝了低温的侵袭。好多人都以为冰屋里很冷，其实恰恰相反，冰屋一点也不冷。

在因纽特人的冰屋里生火会怎么样

在因纽特人的冰屋里生火，会使冰墙融化。由于冰屋是圆形结构，四周受热均匀，所以融化的冰水会被冰墙吸收。而且，开门的时候会有冷风吹到屋内，使屋内的温度降下来，这样水就又会变成冰，使冰屋变得更牢固。

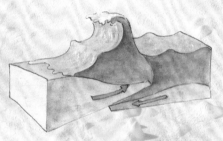

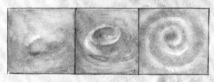

 海啸

　　海底世界并不是一片寂静，有时会发生强烈的地震。这时候，巨大的震荡波会使海水产生剧烈的起伏，形成强大的波浪，向前推进。当这股波浪进入大陆架时，由于地底深度急剧变浅，波高突然增大，所以形成了高达几十米、具有强大破坏力的巨浪，这就是海啸。

巨大而恐怖的水墙

海啸并非放大版的普通海浪，它的波很长，需要花几分钟而非一两秒才能向前推进。它看起来像是超高的浪潮，涌到岸上时就像把海洋向前推进了一大步，淹没所有的东西。

海啸来临前的退潮

一般情况下，海啸来临之前，海潮会突然退到离沙滩很远的地方。这不是灾难停止，反而恰恰是恐怖的开端。因为有时最先到达海岸的海啸可能是波谷，水位下落，暴露出浅滩海底，几分钟后波峰到来，一退一进，造成毁灭性的破坏。

摧毁一切的"液体推土机"

海啸那巨大的水波以极快的速度压迫着洋面向前行进，成为滔天巨浪，就像一台庞大的液体推土机一样，以摧枯拉朽之势摧毁沿途的一切。海水上漂浮的杂物给它增加了破坏性能量，使它变得更加可怕，被卷入其中的任何人都无法活下来。

风中霸主龙卷风

　　龙卷风是一种强烈的旋风，它一边高速旋转，一边向前移动。上端与积雨云相接，下端有的悬在半空中，有的直接延伸到地面或水面。龙卷风的破坏能力非常大，往往使成片的庄稼和树木瞬间被毁，令交通中断、房屋倒塌、人畜生命受到威胁。

你跑不过龙卷风

龙卷风的速度极快，平均风速能达到每秒钟100米，最快时每秒钟可达175米。龙卷风从发生到消失最少有几分钟，最多则几个小时。虽然它的直径一般只有25~100米，但却丝毫没有影响它巨大的破坏力。

高大的卷筒

龙卷风的外观往往是一条直通天空的旋转的筒子，其实，我们看到的是龙卷风当中的冷凝云、被卷起的土和其他东西。龙卷风本身是看不见的。

火怪龙卷风

在发生森林大火时，偶尔会出现火旋风，也就是火焰形成的龙卷风，也叫火怪龙卷风。在风的作用下，9～60米高的火苗形成一个垂直的旋涡。火焰龙卷风持续时间很短，只有几分钟。

飓风产生的地方

赤道附近的热带海洋，是唯一可以产生飓风的地方。这里有充足的阳光、饱含水分的空气。当热带海洋面上产生巨大的低气压时，周围的冷空气就会被吸收进去，从而产生飓风。

飓风就爱转个不停

受地球自转的影响，飓风在形成的时候就开始旋转了。飓风在北半球和南半球的旋转方向正好相反：北半球的飓风按逆时针方向旋转，而南半球的飓风则按顺时针方向旋转。

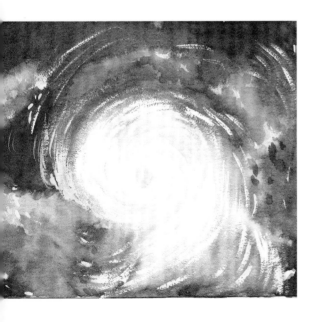

飓风的"双胞胎兄弟"

按照地理位置的不同，北半球的热带气旋分别被称为"飓风"和"台风"。在大西洋和北太平洋东部洋面上的强大热带气旋被习惯称为"飓风"，而在西北太平洋和我国南海海域上产生的热带气旋则习惯称为"台风"。飓风的最大速度可达32.7米/秒，风力可达12级。

 **飓风**

飓风的覆盖范围非常广阔,有时甚至可以影响整个国家和地区的气候变化。这样巨大的气候变化,必然会给途经的洋面和陆地带来恐怖的灾难。

 ## 追寻飓风的勇士

在科学技术还不发达的时候,人们只能凭借过往经验来判断是否会有飓风产生。到了今天,人们利用人造卫星等新的科技手段来发现、分析并跟踪飓风,以达到减少损失的目的。

 ## 一起"跳舞"的飓风

当两个强度相当的热带气旋相隔很近时,就会开始"跳舞"。它们会以两者连线的中心为圆心,共同绕着这个圆心逆时针(北半球)或顺时针(南半球)旋转,这就叫作双飓风效应。

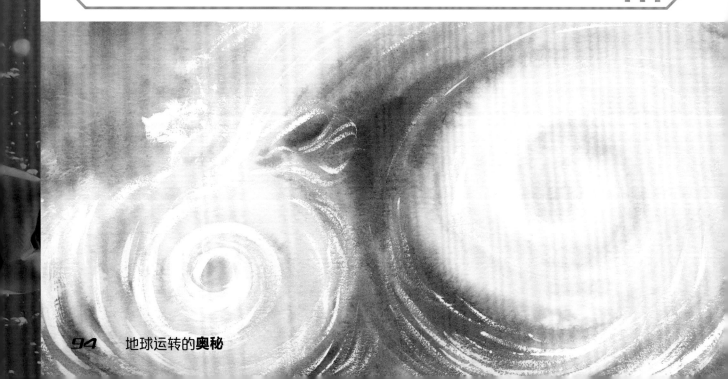

火山的种类

　　按照火山的活动情况，火山可分为活火山、死火山和休眠火山。活火山是指目前还在频繁喷发的火山；死火山是指很久以前曾经喷发过，自从有人类历史记录以来没有发生过喷发的火山；而休眠火山就是长期以来处于相对静止状态的火山。

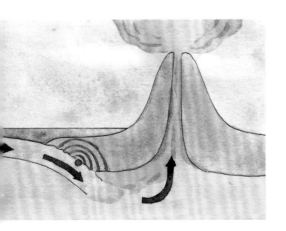

火山喷发

　　地壳下100～150千米处，有高温高压的岩浆，当它们需要释放出自己的能量时，就会从地壳最薄弱的地方冲出地表，形成火山喷发。小且频繁的火山喷发是由岩浆补给活动引发的，较大且不太频繁的火山喷发是由地下低密度岩浆缓慢积累造成的。

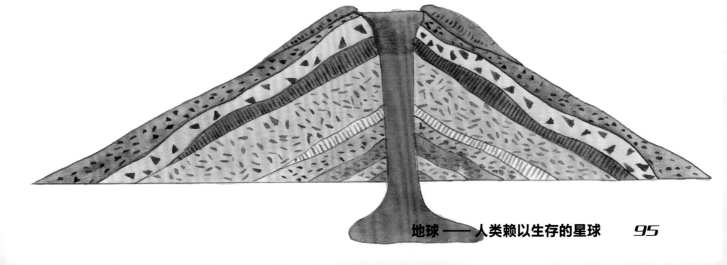

岩浆和火山灰

岩浆和火山灰总是一同出现。熔融状态的硅酸盐和部分熔融的岩石组成了岩浆，岩浆奔腾之处还有大量由岩石、矿物和玻璃状碎片组成的火山灰。火山灰可以在大气的平流层长时间飘浮，遮挡阳光，对地球气候产生严重影响，同时也会影响人、畜的呼吸系统。

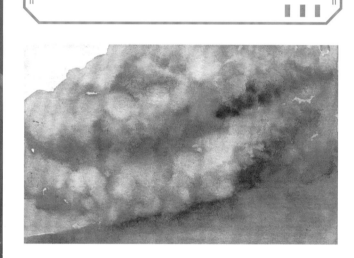

最活跃的火山

位于意大利西西里岛北部的利帕里群岛中一个圆形的小岛上的斯特龙博利火山是最活跃的一座火山。在超过2000年的时间里，它几乎一直在喷发，由于喷发时涌出高大的烟柱，流出滚烫的熔岩，在夜里能把天空映得通红，即便是在一百公里以外的海上也能看见，所以，它被称为"地中海的天然灯塔"。

各式各样的能源

　　根据来源的不同，能源可以分为四大类：第一类是来自太阳辐射的能源，如风能、水能、太阳能、矿物能等；第二类是地球本身蕴藏的能量，如地热能等；第三类是地球与其他天体相互作用而产生的能量，如潮汐能等；第四类是核能，它是与原子核反应有关的能源。

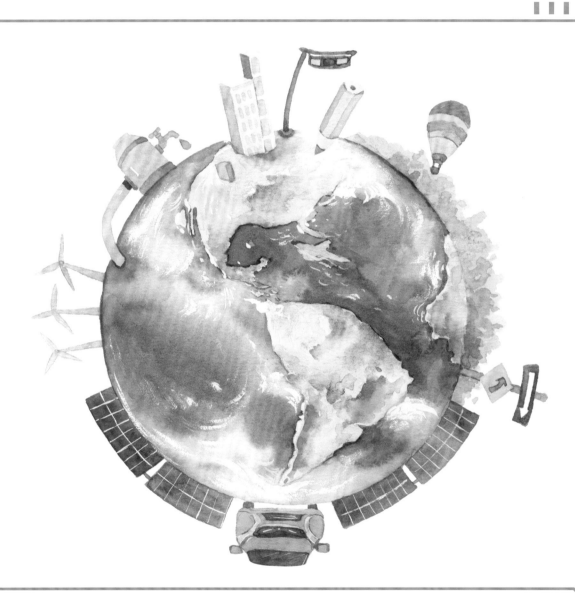

 ## 慷慨的地球母亲

　　地球给人类提供了许多可使用的热、光和动力之类的能量资源，如煤炭、原油、天然气、煤层气、水能、核能、风能、地热能等。

神奇的风力发电

我们最熟悉的自然能源是风能。风能是可再生、储量巨大的清洁型新能源。利用风能进行风力发电，已经造福了无数的人。

 ### 无处不在的太阳能

太阳给人类带来了光明和温暖，我们在日常生活中能直接感受它的光和热。太阳能还可以发电、产生热能等，现在市面上已经出现电动汽车和太阳能汽车了。

🪐 环境污染问题不容忽视

人类为了生存下去，必须从生活的环境中获取资源。当人类过度索取，破坏了地球的生态环境时，就会造成空气污染、水污染、土壤退化等问题。

🪐 整个地球变得脏兮兮

有些污染是没有地域和国界限制的。例如，人类共享的大气层，一旦被污染破坏，全人类都会受到影响。因为地球上的环境因素每时每刻都在循环交替，空气、水分等生存要素都是在全球范围内进行流通的。

砍伐造成的水土流失

人类大量砍伐树木，破坏植被，会影响地面的稳定，造成严重的水土流失。水土流失会使肥沃的土地变得贫瘠、干旱、开裂，还有可能引发洪涝等灾害。

野生动物的哀嚎

地球上的人口越来越多，人类社会发展也越来越快，对自然资源的需求暴增。森林的超量砍伐、草原的过度开垦、放牧，以及围湖造田等，都导致野生动物失去了赖以生存的家园，甚至使一些生物濒临灭绝。

森林每天都在缩小

世界上的森林面积正在迅速缩小。由于人类对森林无节制地大量采伐，又没有补种树苗，每年有大约20万平方千米的森林从地球上消失。

空气污染的危害

随着科学技术的不断发展，人口的大量增加，城市里挤满了汽车，到处都是汽车排放出的尾气。植被的减少导致空气净化的速度大幅度降低，人类直接吸入大量被污染的气体，对身体的危害是巨大的。

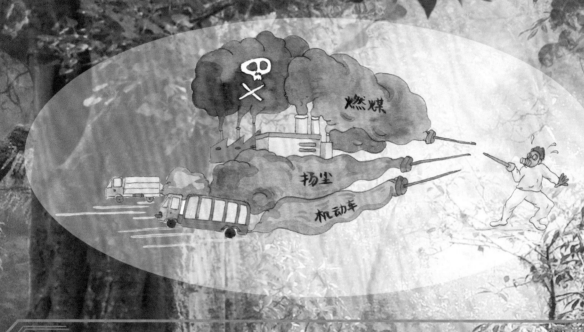

净化废水的"绿色宝库"

人类制造的废水中含有大量的磷、钾、镁、钙等矿物质，这些矿物质是树木生长必不可少的养料，通过地球表面的水循环，含有这些矿物质的水流经森林，使得森林中缺少营养的树木获得肥料。

森林中的许多树木可以分泌杀菌素，会将细菌杀死，树上的细菌在紫外线和杀菌素的作用下难以逃脱死亡的命运。废水中的有毒成分就这样逐渐消失了，再流入地下和河流中时也不会造成污染了。

森林净化废水是有一定限度的。森林绿化的面积与净化废水量有一个适当的比例，假如废水量高过了森林净化废水的能力，就会对森林造成污染。

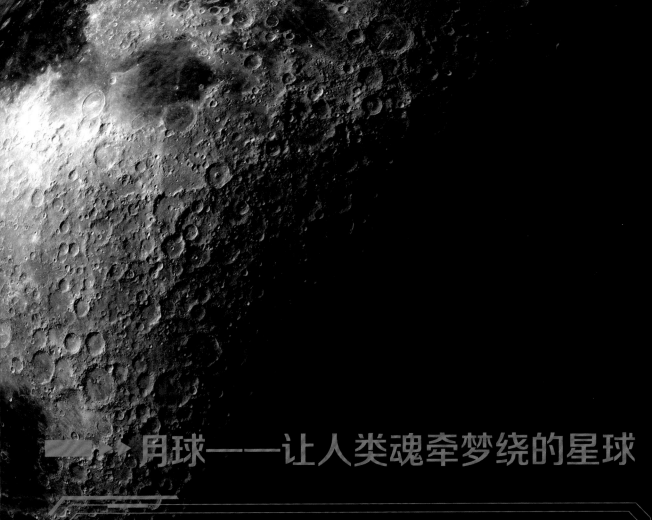

月球——让人类魂牵梦绕的星球

　　自古以来，月球都与人类息息相关，神话传说、文学艺术、历法风俗都有月球的影子。关于月球的形成有很多假说，其中"大撞击说"被越来越多的科学家所接受。"大撞击说"认为，地球形成之初，一颗火星大小的天体与地球碰撞，熔化的岩石被这场灾难性的撞击抛入太空，产生的气体、岩浆和化学元素此后又重新组合，形成月球。

月球背面是什么样的?

月球自转周期与绕地球公转的周期完全相同,这意味着我们在地球上永远看不到月球的背面。月球背面其实并不神秘,2019年1月3日10时26分,中国的嫦娥四号探测器软着陆在月球背面,经过探测发现,月球背面与正面不同,在月球背面,遍布着起伏不平的撞击坑。科学家认为,对月球背面的研究,能让我们更深入地认识自己的家园。

陨石坑

月球表面遍布大大小小的陨石坑，都是行星、卫星、小行星或其他天体撞击月球而形成的。当陨石高速撞击月球时，产生的巨大热量会使之瞬间熔融或者气化。还有一些陨石撞击月球后成为碎片，一部分碎片散落在陨石坑周围，另一部分碎片被抛射入太空，随后受月球引力影响，又落回到月球表面。

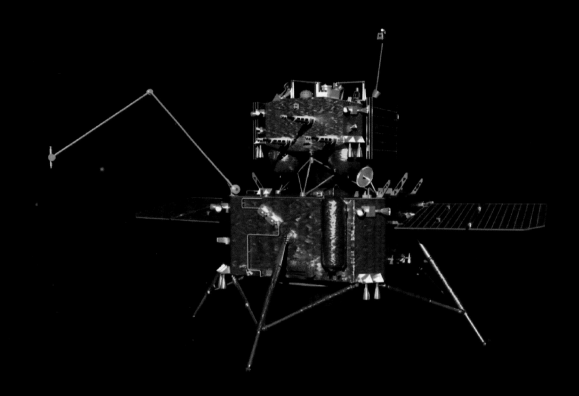

 ## 嫦娥五号探测器

这是我国的嫦娥五号探测器，2020年12月17日凌晨1时59分，嫦娥五号返回器携带月球土壤样品成功返回地球。为何我国要去月球上挖土呢？因为从月球上采集的土壤样本，可以分析着陆点月表物质的结构、成分、物理特性，以帮助我们更好地了解月球。

384400千米

地月距离

　　月球与地球的平均距离为384400千米，由于月球以椭圆形轨道环绕地球运转，月球与地球最近距离为363000千米，与地球最远距离为406000千米。因此，月球距离地球最远比最近时多43000千米。

月偏食

月全食

半影月食

月食

　　月食是一种特殊的天文现象，当月球、地球、太阳完全在一条直线上时，地球挡在中间，整个月球全部走进地球的影子里，这时，月球表面变成暗红色，形成月全食；而月球只有部分进入地球影子里时，则会出现月偏食；当月球只进入地球半影时，便会形成半影月食，月球依旧是圆的，只是其亮度稍有些暗淡。

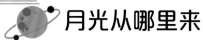

月光从哪里来

夜晚，一轮明月高挂天空，带给人无限遐想。月球离地球最近，在天空中，除了太阳，月球是最亮的星星。月球虽然看着明亮，却不是自身所发的光，它对着地球的一面，好像镜子一样，能够反射太阳的光线。我们看到的月亮有时之所以会变换形状，是因为太阳照射的面积不同，我们从地球上只能看到亮的一部分，好像月球变了样。

月球表面有亮有暗，亮的地方是高地，被称为"月陆"；暗的地方是低陷地带，被称为"月海"。月球上有很多大大小小的环形山，它的表面被一种火山熔岩覆盖，这些火山的年龄大多在30亿至40亿年，比地球火山年龄大得多。

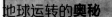

星星为什么有亮有暗

夏天的夜空，繁星密布，有的很亮，有的暗淡。对于亮度相同的星星，距离人们近的，看起来就亮；距离远的，就比较暗。星星内部的活动让星星的形状变得很不规则。

金星是较亮的一颗行星。金星大气层密度大，这样浓密的大气层将照射到金星75%的太阳光反射掉，因此金星看起来很亮。

月球引力会吸引海水

月球离地球最近，是人类登陆过的第一个外星球，月球比地球要小很多，月球在自转的同时，也绕着地球转了约45亿年。月球上白天温度很高，夜晚温度很低，昼夜温差极大。月球表面有很多被陨石撞击后形成的环形山。月球的特殊引力，会吸引海水（也有太阳的引力作用），从而造成地球上的海洋发生潮汐现象。

环形山是月球表面最为明显的特征，整个月面上几乎布满了大大小小的环形山。有的环形山有辐射纹，有的小型环形山很像一个碗或是小酒窝。

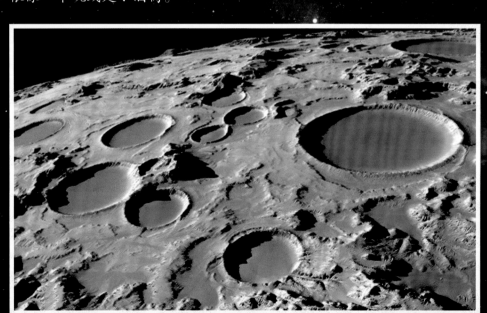

月球的矿产资源非常丰富，尤其是稀有金属，像钛、钾等储藏量比地球还要多。在右侧这张手工绘制的图片上，蓝色区域就是含有钛金属的土壤。

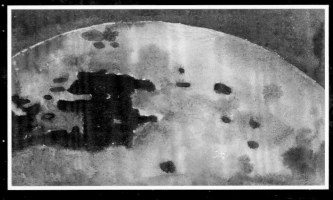

这就是太阳系，它同数千亿颗恒星一样，在银河系中静静运转。太阳系是依靠万有引力而亘（gèn）古运转的天体系统，也是我们在宇宙中的家。在太阳系大家庭中，主要成员包括太阳，以及水星、金星、地球、火星、木星、土星、天王星、海王星这8颗行星。除此之外，太阳系中还有数百颗卫星和至少50多万颗小行星，以及矮行星和少量彗星。

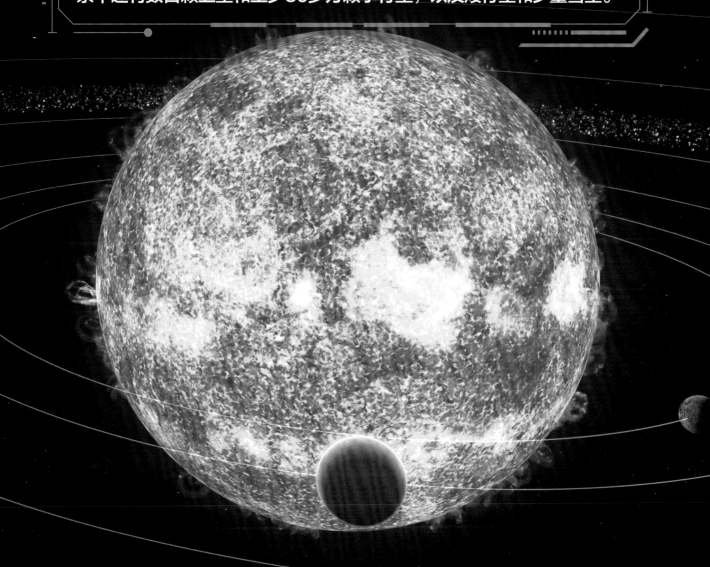

太阳系的诞生

自太阳诞生后的数百万年里，它被无尽的尘埃和气体所包围，历经上万年的时间，这些尘埃开始慢慢地结合聚集，形成岩石，而这些岩石在引力的作用下，创造出了行星的胚胎。

类地行星

所有类地行星的结构大致相同，都是在金属核心外，包裹着以硅酸盐石为主的地幔。它们体积小，平均密度大，自转速度慢，卫星较少，距离太阳较近。太阳系中仅有4颗类地行星——水星、地球、火星、金星。

水星　金星　地球　火星　木星

类木行星

类木行星指体积大、平均密度小、自转速度快、卫星较多的行星。类木行星又称为气态巨行星，它们是不以岩石或其他固体为主要成分构成的大行星，位于太阳系外侧。在太阳系内有4颗气态巨行星：木星、土星、天王星和海王星。

奥尔特云

人们普遍认为奥尔特云是太阳系的边界，它不是一个天体，而是包裹着太阳系的彗星云，因为不断有新的彗星在此产生，所以它也是彗星的"故乡"。奥尔特云厚度达2.4光年，这个距离让人类望而却步，如果我们穿过了奥尔特云，也就成功地走出了太阳系。

土星

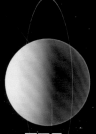

天王星

海王星

柯伊伯带

柯伊伯带是一个在太阳系边缘的带状区域。科学家认为柯伊伯带内包含许多小天体，它们来自环绕着太阳的原行星盘碎片，因未能成功地结合成行星，所以成为较小的天体，飘浮在太阳系边缘。

行星

行星是环绕太阳运转并且质量足够大的天体。在太阳系中有八大行星，按照离太阳的距离从近到远排列，它们依次为水星、金星、地球、火星、木星、土星、天王星、海王星。它们的自转方向多数和公转方向一致。只有金星和天王星例外。

八大行星

水星　金星　地球　火星

木星　土星　天王星　海王星

 ## 太阳系小天体

环绕太阳运转的其他天体都属于太阳系小天体。

卫星

卫星是环绕一颗行星按闭合轨道做周期性运行的天体。

木卫三

木卫四

木卫一

月球

木卫二

海卫一

天然卫星是指环绕行星运转的星球，月球就是最典型的天然卫星。太阳系已知的天然卫星至少有170颗。

人造卫星是人类根据需求制造并发射的。如果按用途划分，它可分为三大类：科学卫星、技术试验卫星和应用卫星。目前，世界上大多数的人造卫星为人造地球卫星。

矮行星

2006年8月24日，第26届国际天文联合会在捷克首都布拉格举行，重新定义行星这个名词，首次将冥王星排除在大行星外，并将冥王星、谷神星和阅神星归入矮行星。

冥王星

谷神星

阅神星 （假想图）

我们在宇宙中的家

　　宇宙对人类而言充满了神秘色彩，人类所处的银河系仅仅是无数个星系中的一员，而银河系内的恒星数量更是达到千亿颗，太阳也只是银河系中非常普通的一颗恒星。太阳系是我们地球所在的星系，可以理解为太阳系就是我们在宇宙中的家。

海王星

天王星

土星

木星

太阳

小行星带

　　小行星是太阳系小天体中最主要的成员，主要由岩石与不易挥发的物质组成。小行星带位于火星和木星轨道之间，距离太阳2.3至3.3天文单位，它们被认为是在太阳系形成的过程中，受到木星引力扰动而未能聚合的残余物质。（1天文单位 = 1.496×10^8 千米）

地球会被彗星撞击吗?

彗星是在万有引力作用下绕太阳运动的一类质量很小的天体。长期以来，人类把彗星当作某种灾难的象征，甚至担心彗星可能会碰撞地球，从而改变地球的运动速度，

引起巨大潮汐和全球洪水泛滥。实际上，彗星碰撞地球是千万年一遇，即使碰撞也不可能造成大灾难。

水星　金星　月球　地球　火星

彗星

彗星是进入太阳系内亮度和形状会随离日距变化而变化的绕日运动的天体。彗核由冰物质构成，当彗星接近恒

星时，彗星物质蒸发，在冰核周围形成朦胧的彗发和一条稀薄物质流构成的彗尾。由于太阳风的压力，彗尾总是指向背离太阳的方向。

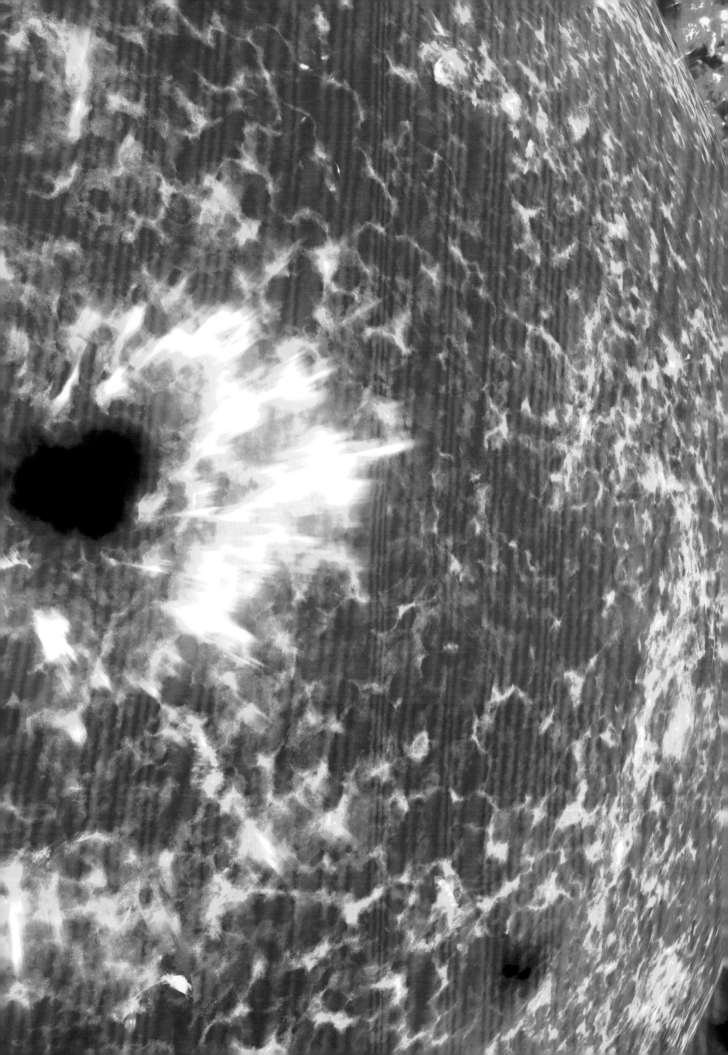

▬▶▶太阳——太阳系中发光发热的"母亲"

　　这颗正在燃烧的星球就是太阳系的中心——太阳，也是太阳系中唯一的一颗恒星。太阳距离地球约为14960万千米，即一个天文单位。太阳系中的八大行星都围绕着太阳公转，而太阳则围绕着银河系的中心公转。太阳表面温度可达6000摄氏度，内部温度大约是1500万摄氏度。如果把太阳系比作一个大家庭，太阳就像"母亲"一样影响着太阳系中的其他行星，发光发热的它更是地球万物的能量之源。

太阳寿命周期

太阳是一颗典型的主序星，目前处于它的壮年时期，并且已经在这个阶段经历了46亿年，根据理论推算，它还将在这个阶段稳定地"生活"54亿年，然后进入它的老年期、临终期。让我们详细了解一下太阳的生命周期吧！

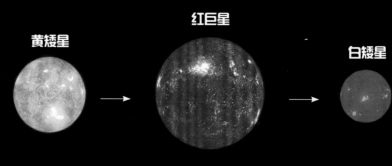

黄矮星　红巨星　白矮星

幼年期：在数千万年的时间里，原始星云在自身引力的作用下收缩，成为温度、密度不断增高的热气球体；

壮年期：当太阳的中心温度上升到700万摄氏度的时候，太阳核里开始发生热核反应并发射出可见光，之后漫长的100亿年成为其一生中最稳定的阶段；

老年期：太阳内部热核反应已经"燃烧"过的中心部分会在引力的作用下坍缩，坍缩中产生的能量将让太阳成为比现在大250倍的红巨星；

临终期：这个时期，太阳内部的核能耗尽，中心引力将导致太阳内部坍缩成为一个结实紧密且散发着白光的白矮星，最后慢慢变暗、变小，成为一个不能发光的"黑"天体。

太阳光

太阳的组成成分

太阳的主要化学成分是氢，约占太阳总质量的74.9%，其次是占其总质量23.8%的氦，而占比少于2%的较重元素是氧、碳、氖（nǎi）、铁等，这些元素的综合作用产生了核聚变，太阳就是用核聚变的方式向太空释放光和热。

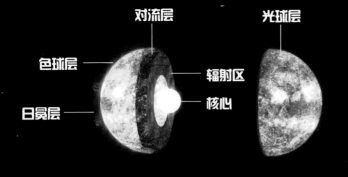

对流层　光球层

色球层

辐射区

核心

日冕层

太阳剖面结构

　　太阳是由核心、辐射区、对流层、光球层、色球层、日冕层构成的。光球层以内称为太阳内部，光球层以外称为太阳大气。

太阳活动现象

　　太阳黑子：太阳黑子是太阳表面可以看到的最突出的现象，但黑子其实并不黑，只是因为它的温度比光球低，所以在明亮的光球背景衬托下才显得暗淡。

　　太阳光斑：太阳光斑是太阳光球边缘出现的明亮组织，向外延伸到色球就是谱斑。光斑一般环绕着黑子，与黑子有着密切的关系。

　　日珥：在日全食时，太阳的周围镶着一个红色的环圈，上面跳动着鲜红的火舌，这种火舌状的物体叫作日珥，日珥是在太阳的色球层上产生的一种非常强烈的太阳活动。

日珥

黑子

太阳风与地球磁场的原理演示图

太阳风是太阳大气最外层的日冕（miǎn）向空间持续抛射出来的物质粒子流，它充满了整个太阳系。太阳风虽然猛烈，但绝大部分不会吹袭到地球上，因为地球有自己的保护衣——地球磁场。

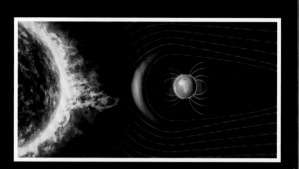

世界万物能量之源

日出日落，斗转星移，我们在地球上看起来像金色圆盘的太阳，为世间万物提供着所需的能量。太阳仅仅是银河系中一颗非常普通的恒星，它是太阳系的中心天体，太阳系中唯一的恒星，占太阳系总体质量的99.86%。太阳牢牢控制着其麾下的星球，太阳系中的八大行星、小行星、流星、彗星、外海王星天体以及星际尘埃等，都围绕着太阳公转，而太阳则围绕着银河系的中心公转。

太阳风是从太阳上层大气射出的超声速等离子体带电粒子流。在恒星不是太阳的情况下，这种带电粒子流也常称为"恒星风"。太阳风是一种连续存在、来自太阳并以200~800千米/秒的速度运动的高速带电粒子流。

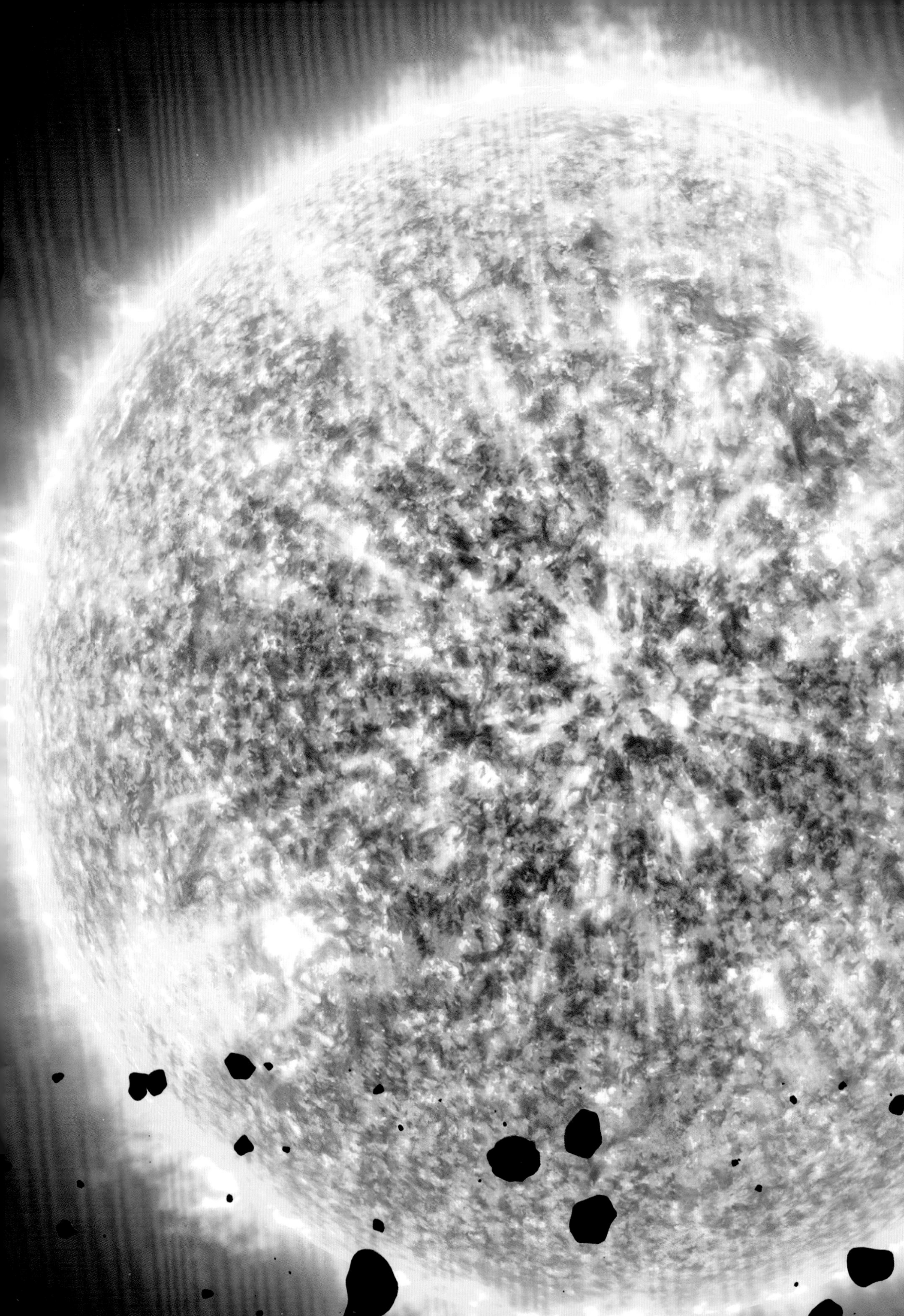

 日冕

日冕是太阳大气的最外层（太阳大气内部分别为光球层和色球层），厚度可达到几百万千米以上。日冕温度有100万摄氏度，粒子数密度为1015个/m³。在高温下，氢、氦等原子已经被电离成带正电的质子、氦原子核和带负电的自由电子等。日冕只有在日全食时才能被在地球上的我们看到，其形状随太阳活动而变化。

 光球

对流层上面的太阳大气，称为太阳光球。光球是一层不透明的气体薄层，厚度约500千米。它确定了太阳非常清晰的边界，几乎所有的可见光都是从这一层发射出来的。

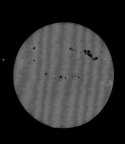

 色球

色球位于光球之上，厚度约2000千米。太阳的温度分布从核心向外直到光球层，都是逐渐下降的，但到了色球层，却又反常上升，到色球顶部时已达几万摄氏度。由于色球层发出的可见光总量不及光球的百分之一，所以人们平常看不到它。

耀斑

太阳耀斑是一种剧烈的太阳活动，是太阳能量高度集中释放的过程。一般认为其发生在色球层中，所以也叫"色球爆发"。其主要观测特征是，日面上（常在黑子群上空）突然闪耀迅速发展的亮斑，其寿命一般在几分钟到几十分钟之间，亮度上升迅速，下降较慢。特别是在太阳活动峰年，耀斑出现频繁且强度变强。

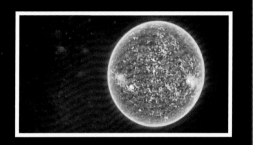

日全食

日偏食

日环食

日食

日食也叫作日蚀，是一种天文现象。当月球运动到地球和太阳之间，并且三者处于一条直线上时，太阳射向地球的光会被月球遮挡住，月球背后的黑影落到地球上，这就是日食现象。日食分为日偏食、日全食、日环食、全环食。观测日食时不能直视太阳，否则会造成短暂性失明，严重时甚至会造成永久性失明。

太阳风暴是怎么回事

　　太阳风暴，简单点说，就是太阳爆发的一系列活动，也是太阳释放巨大能量的过程。人们无法用肉眼观察到太阳风暴何时到来，只有运用专业的探测仪器才能观测到。绚丽多彩的极光，是人们唯一可用肉眼看到的太阳风暴现象。

　　太阳风暴现象会给人类带来一些影响和危害，比如，会影响卫星安全运行，干扰无线电通信、导航系统和地面技术系统的正常运行。

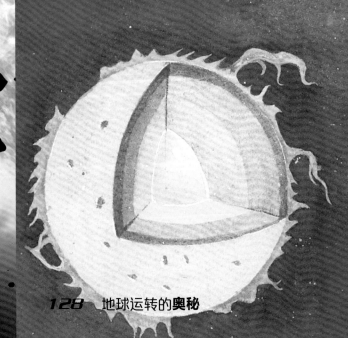

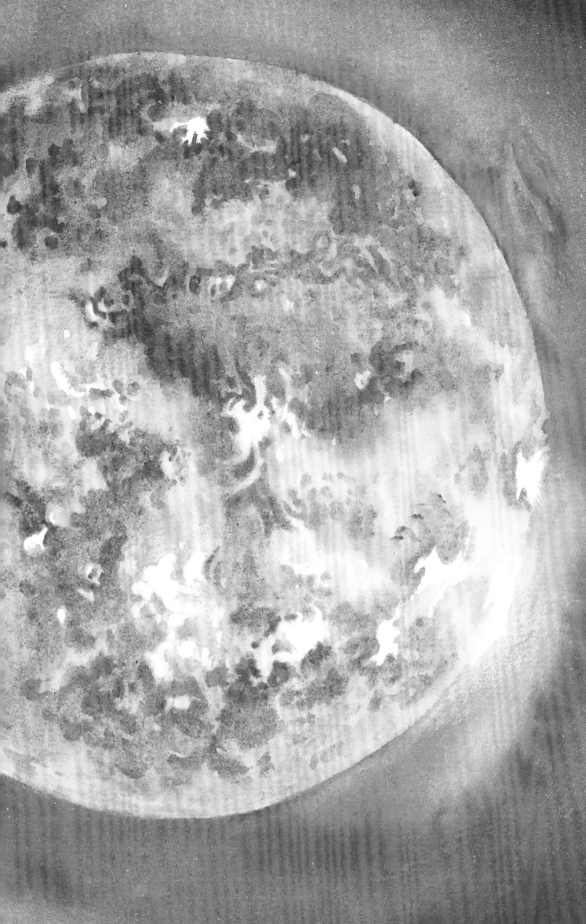

太阳一直在旋转

　　太阳这样一个庞然大物，处于太阳系家族中心，可它在银河系中却十分微小，并且会绕着银河系中心公转。除了公转以外，太阳也会从西向东绕着自己的轴心自转。

太阳为什么会发光发热

太阳是太阳系家族中心的一颗恒星，大约有50亿岁。太阳的成分主要为氢元素，中心核反应区发生剧烈持续的燃烧后，将440万吨的氢气转化为光能和热能，这些光和热被核周围的气体吸收，在太阳的表面流动，其中一些能量又辐射到了地球。

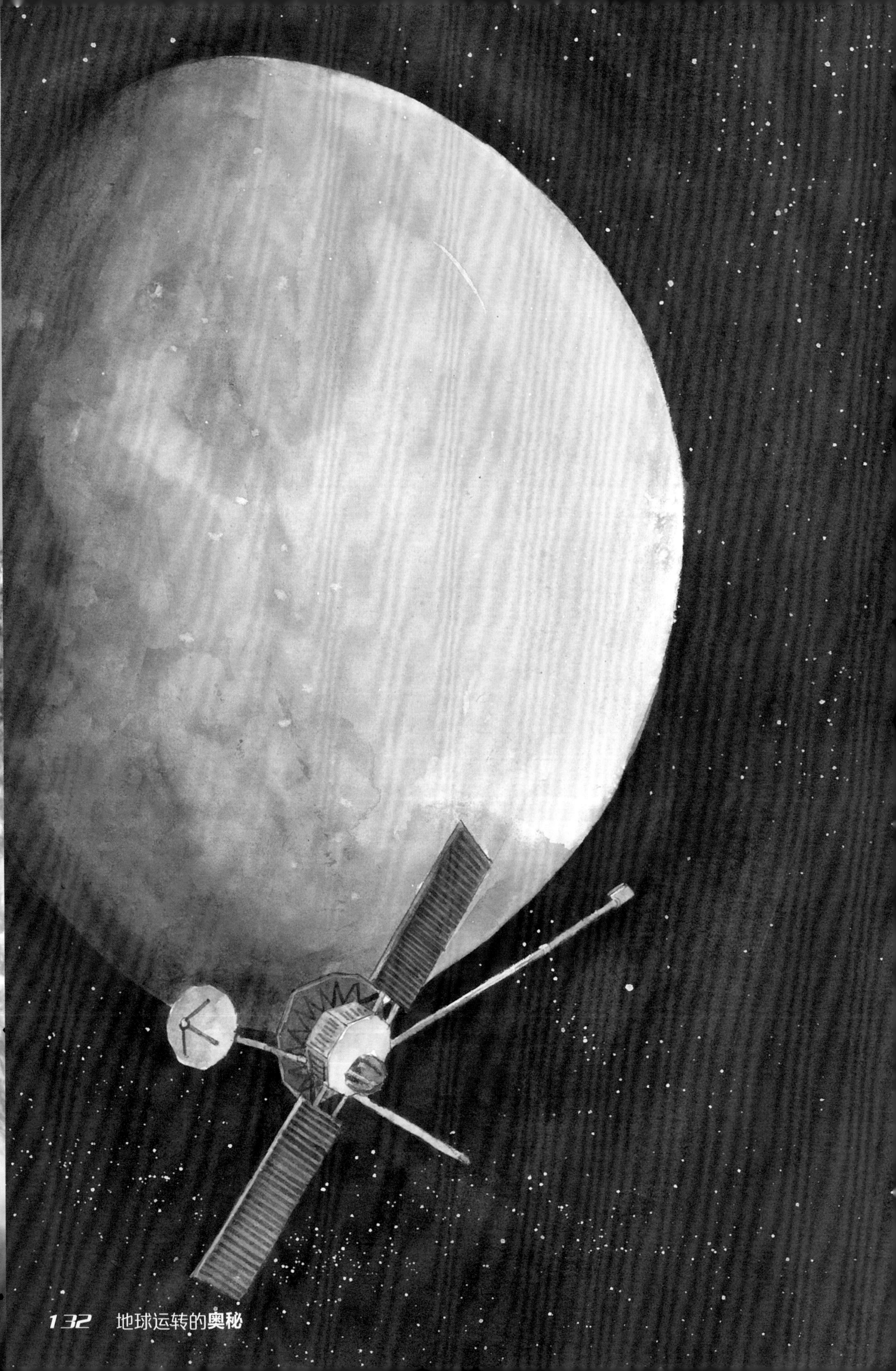

其实太阳不是白色的

太阳其实是一个蓝绿色的恒星，它辐射的峰值波长为500纳米，介于光谱中蓝、绿光的过渡区域。但因为它还有其他颜色的光谱，当与绿色混合时，人眼就只能辨别出白色，于是我们看到的太阳是白色的。

绝对无法被浇灭的太阳

太阳中的氢原子与氦原子不断相撞，散发的光和热照亮太阳系，这种核聚变释放能量的方式和燃烧是截然不同的。所以，哪怕你提来太阳体积几十倍的水，也无法浇灭它。

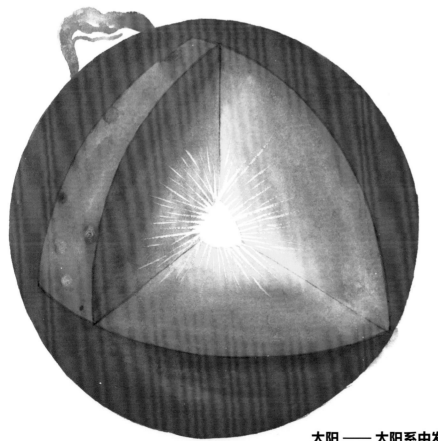

我们太阳系的主宰——太阳是一个巨大的火球，它由炽热的气体组成，其中氢占据3/4的比例，剩下的几乎都是氦。

地球有可能被太阳"一口吞掉"

太阳是一颗黄矮星，黄矮星的寿命大致为100亿年，目前它已经度过了一半寿命。约50亿年之后，太阳内部的氢会全部消耗而尽，逐步膨胀成一颗恒星，然后将地球"一口吞掉"。

人类探测过太阳吗？

帕克太阳探测器是有史以来距太阳最近的人造物体，也是太阳系已知物体中离太阳最近的物体之一。按照预定计划，帕克太阳探测器将在2025年到达离太阳表面仅612万千米的地方，它表面安装的碳复合材料制成的隔热罩可承受高达1650摄氏度的高温。

太阳养着我们全人类

太阳内部产生的能量要经过5000万年才能到达太阳表面，太阳光线来到地球需要8分钟，而它1分钟释放的能量就能满足地球上所有生物1000年的需要。

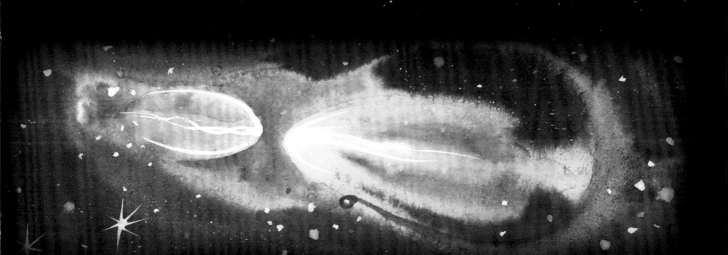

▶▶ 水星——在太阳系"内环路"上狂奔的星球

水星，不要被它的名字所迷惑，在中国古代其被称为"辰星"，水星上其实并没有水，它只是一颗被石墨色岩石所覆盖的类地行星。

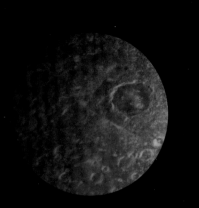

 ## 水星表面

　　水星地貌极具多样性，猛烈的陨石撞击、火山爆发，还有造成其表面褶皱的核心收缩，使它成为拥有巨大悬崖、双环陨石坑、沟渠、极热点和极寒点的类地行星。

 ## 水星轨道

　　水星拥有太阳系八大行星中偏心率最大的轨道，简单地说，就是这个轨道的椭圆是最"扁"的。据最新的计算机模拟显示，在未来数十亿年间，水星的这一轨道还将变得更扁，使它有1%的概率和太阳或者金星发生撞击。

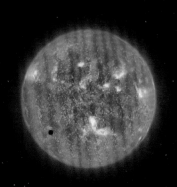

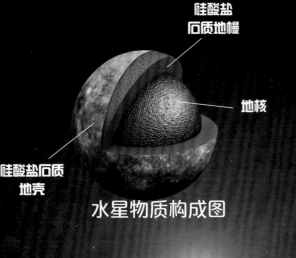

硅酸盐
石质地幔

地核

硅酸盐石质
地壳

水星物质构成图

 ## 水星构造

　　水星由地壳、地幔、地核三部分所构成。地壳与地幔厚度共约600千米，皆为硅酸盐石质。地核半径约1830千米，由熔融的铁、镍（niè）等金属组成。

太阳　　　　　水星

 ## 水星凌日

　　当水星运行到太阳和地球之间时，我们在太阳圆面上会看到一个小黑点穿过，这种现象被称为"水星凌日"。其道理和日食类似，不同的是，水星比月亮离地球更远，而且其直径仅为太阳的二百八十五分之一，所以看起来只是一个小黑点从太阳前穿过。

表面温差最大

因为没有大气的调节，距离太阳又非常近，所以在太阳的烘烤下，水星向阳面的温度最高时可达430℃，而背阳面的温度可降到-160℃，昼夜温差近600℃。水星是行星表面温差冠军，这真是一个处于火与冰之间的世界。

赤道区是
最热的区域

由于没有空气，热
量是不传递的，所
以水星背着太阳的
一面非常寒冷

离太阳最近的行星

水星是太阳系八大行星中最小的一颗行星，也是离太阳最近的行星。在古代中国，人们把水星叫作"辰星"，西方人则把它称为"墨丘利"。因为其独特的地形像极了老人的皱纹，所以也有人称它为"老人行星"。

　　卫星最少：人类在太阳系中已经发现了越来越多的卫星，然而水星是目前被认为没有卫星的行星。

　　公转周期最短："水星年"是太阳系中最短的年，它绕太阳公转一周只用88天，还不到地球上的3个月。然而"水星日"比别的行星更长，水星上一昼夜的时间，相当于地球上的176天。

 如何同时身处白天和黑夜之中

　　地球上的晨昏线行进速度为1600千米/时，而水星上的晨昏线行进速度为3.54千米/时，这就意味着如果你的步行速度与水星晨昏线速度保持一致，就能让身体一半处在黑夜，一半处在白天，但这一极具诗意的漫游必须有一个重要前提，那就是你得先拥有一套能耐极寒极热的太空服。

轨道速度最快：因为距离太阳最近，受到水星太阳的引力也最大，所以它在公转轨道上比任何行星都跑得快。

古怪地形

🌑 卡洛里盆地

卡洛里盆地是整个太阳系中最大的陨石坑，是由猛烈撞击造成的，撞击还造成了水星的另一面隆起。图中的这一对跖（zhí）点被称为"古怪地形"。它的宽度超过1500千米，周围环绕的山脉海拔高达3000米。

金星——地球"最亲昵的姐妹"

　　金星，是距离地球最近的行星，质量与地球相近，重力略小于地球，被称为地球的"双胞胎姐妹"。金星在日出稍前或者日落稍后时亮度达到最大，其亮度在夜空中仅次于月球。清晨，它出现在东方的天空，被称为"启明"；傍晚，它处于天空的西侧，被称为"长庚"。

全天中最亮的行星

金星是太阳系中八大行星之一，按离太阳由近及远的次序，是第二颗，距离太阳0.725天文单位。它是离地球较近的行星（火星有时候会更近）。古罗马人称其为维纳斯，中国古代称之为长庚、启明、太白或太白金星，古希腊神话中称其为阿芙洛狄忒。公转周期是224.71地球日。

金·星 —— 地球"最亲昵的姐妹"

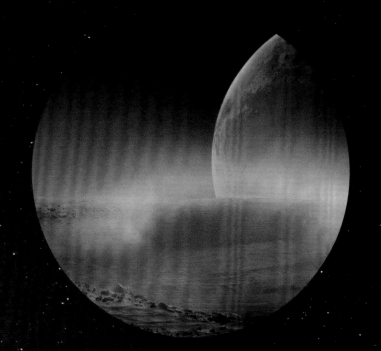

金星的氘（dāo）元素

科学家通过对金星的探测，发现金星大气中含有氘元素（氢的同位元素，质量较大、逃逸较慢），由此猜测，金星曾存在过水源，可能由于受太阳风的侵袭，金星上的水因蒸发而消散殆尽，蒸发产生的水蒸气分解为氢和氧，氢元素逃离到了太空，而氘元素滞留在金星的大气中。

金星的表面

金星的表面完全干燥，温度高达467摄氏度，这足以熔化金属铅，金星是太阳系中最热的行星。它的表面有很多火山，科学家认为，如今的金星上可能依然存在着活火山。

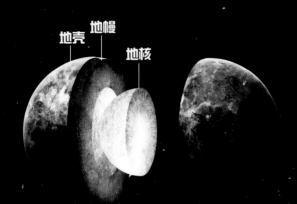

地壳 地幔 地核

 ## 金星内部构造

据科学家推测，金星的内部构造可能与地球相似，依据地球的构造来推测，金星地幔的主要成分是以橄榄石及辉石为主的硅酸盐，金星表层则是以硅酸盐为主的地壳，其中心则是由铁镍合金所组成的地核。

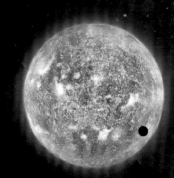

 ## 金星凌日

当金星运行到太阳和地球之间时，我们可以看到在太阳表面有一个小黑点慢慢穿过，这种天象被称为"金星凌日"。因为金星距地球太远，所以金星在太阳上形成的阴影并不会像月球那么大，而只是一个小黑点。

金星大气层

　　金星是太阳系中最热的行星，金星上浓重的烟雾吸收了大量来自太阳的热能，假如，金星的大气层里有氧气，我们放一张纸在金星上，纸就能自发燃烧起来。金星大气的主要成分是二氧化碳，大气中不含水，而含硫酸，所以金星上下的雨都是酸雨。

 ## 玛雅人与金星

　　虽然金星距离地球如此遥远，但是地球上的玛雅人与它很早就建立了联系。早在公元前2500年，古代玛雅人就对金星有了诸多记载，如今我们依旧能够在玛雅遗址的建筑上发现关于金星的铭文，可见他们对金星有着特殊的感情。其中一套玛雅人历法系统便是基于金星的运转周期而制成的。

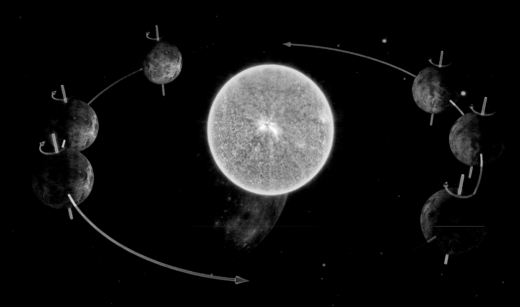

金星的公转

金星沿轨道绕太阳公转，完成一圈的时间大约是224.65地球日。虽然所有行星的轨道都是椭圆的，但是金星的轨道是最接近圆形的。

金星的自转

从地球的北极方向观察，太阳系所有的行星都是以逆时针方向在轨道上运行。大多数行星的自转方向也是逆时针的，但是金星不仅是以243地球日顺时针自转（称为退行自转），还是所有行星中转得最慢的。因为它的自转是如此缓慢，所以它非常接近球形。

大量的阳光
被反射

厚厚的硫酸云团
几乎使太阳光无
法到达金星表面

大气在不断地
吸收热能，热能
无法散逸出去

金星表面只有
少量的太阳光
能够到达

 金星云层

　　金星的表面是淡黄色的云层，这些厚厚的云层是由硫化物和硫酸构成的。这些云层靠着风快速地移动，很快就可以环绕金星一周。

宇宙 "高压锅"

金星就像一个天然高压锅，气压是地球的90倍。如果不穿保护装置直接进入里面，肯定会被气压活生生 "压" 死。有趣的是，在金星的夜空中，最亮的 "星星" 是地球。

下 "刀子雨" 的地狱星球

金星的表面是硫化物和硫酸构成的云层，到处狂风飞石，电闪雷鸣。在这里，火山喷发和下酸雨是家常便饭。最奇特的是，金星上的 "雨" 不是液体，而是金属片，进入金星分分钟就会被 "利刃" 穿透。

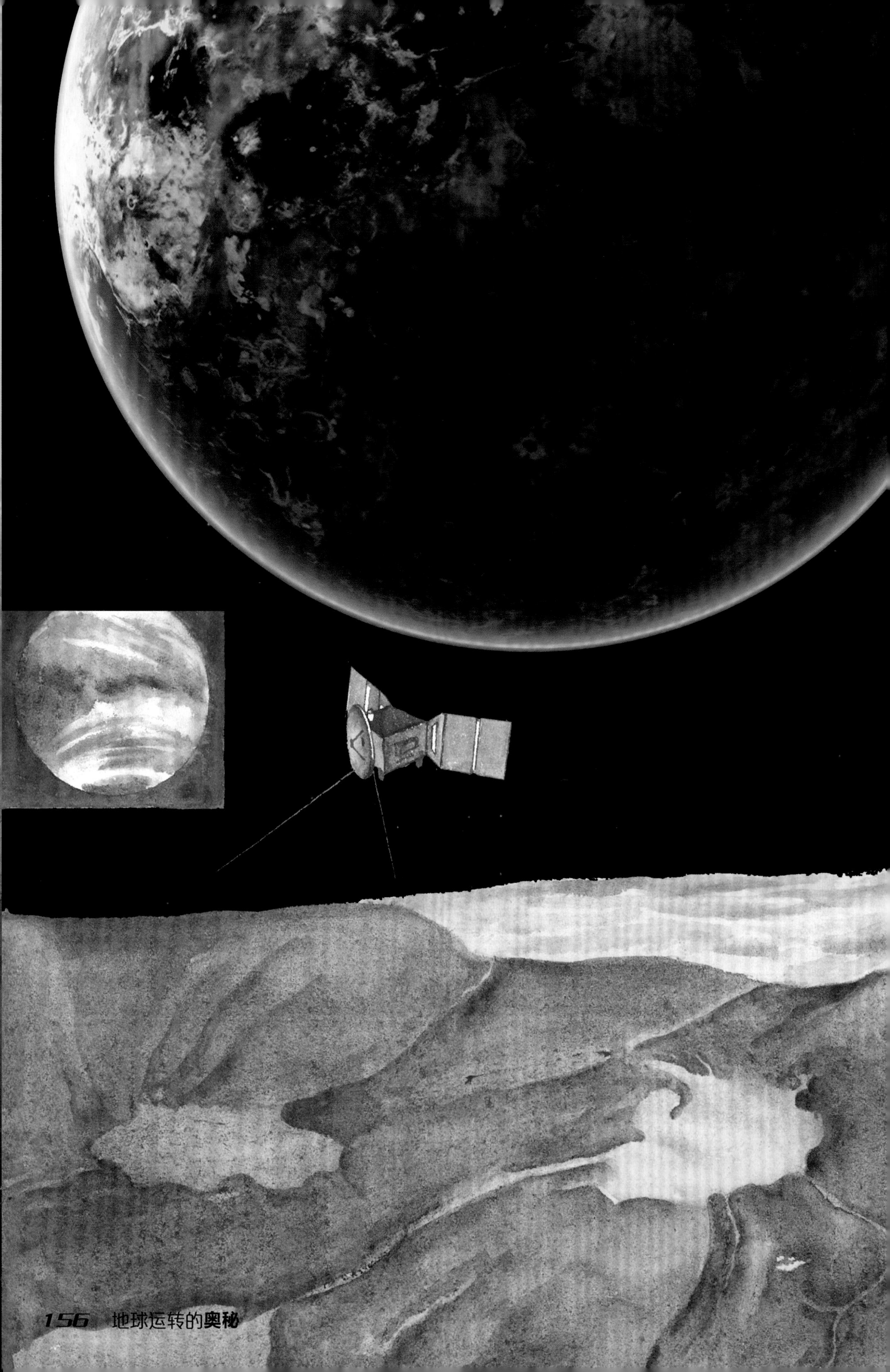

玛亚特山

　　玛亚特山是金星上最大的火山之一，高度约9000多米，宽约200千米。它只是金星上众多的火山之一，除此之外，金星上还分布着不计其数的小型火山。大量火山的存在让金星85%的表面都不同程度地被岩浆所覆盖，火山喷出的熔岩流产生了一条条长长的沟渠，蔓延在整个星球的表面。

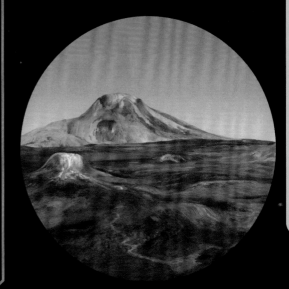

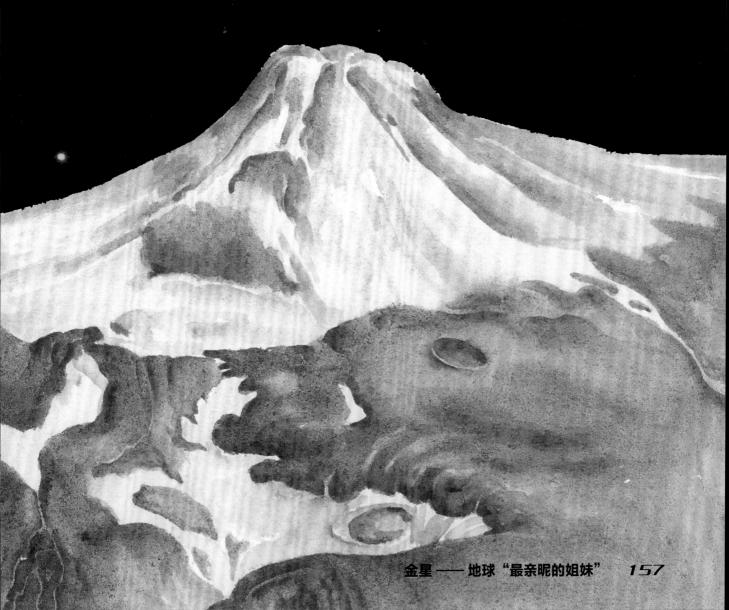

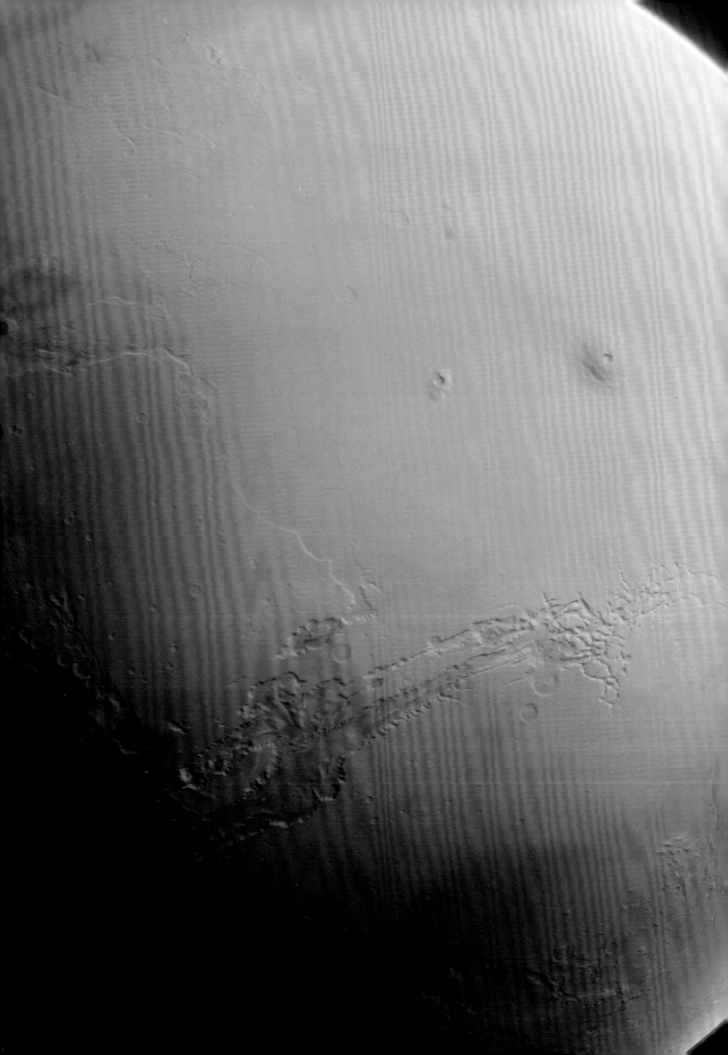

▶▶火星——一个锈迹斑斑的大铁球

前方是火星，虽然它看起来像一块美味可口的蛋黄派，实际却是个难啃的大铁球。火星表面富含赤铁矿，这让它看起来赤红如火，所以称其为火星。它约有地球一半大，是颗沙漠行星，火星表面遍布沙丘和砾（lì）石，并没有火海。由于火星到太阳的距离相当于地球到太阳距离的1.5倍，所以火星表面比地球表面更加寒冷。

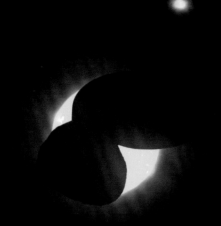

双日食

火星有火卫一和火卫二两颗卫星。火卫一绕火星一周仅需9个小时；火卫二方向与之相反，绕火星一周需要30个小时。在极少数的情况下，可以看到两颗卫星同时在太阳面前经过，这种现象被称为双日食。

火星的卫星

火星有两个天然卫星：火卫一和火卫二。其中，火卫一较大，也是离火星较近的一颗，从火星表面算起只有6000千米。它是太阳系中最小的卫星之一，也是太阳系中反射率最低的天体之一。

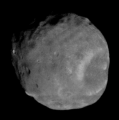

火卫一

火卫二

火星地壳上有一条粗糙的"疤痕"，这是一条巨大的断裂带，人们给它取名"水手号峡谷"，这是火星最大的峡谷。地质学家经过研究推测，水手号峡谷的断层跟火星上的地质变化和火山的增多有关。

南极

北极

 火星两极

35亿～40亿年前，火星无法长期维持液态内核，导致磁场随着内核冷却而逐渐消失，火星大气开始被太阳风吹离，火星液态水大量蒸发。伴随着大气逃逸，高纬度地区在失去大气温室作用后，液态水于低温下成为冰，更高纬度的极冠则封冻了大量水体。所以，火星两极依旧保存着大量的冰。

 四季变化

火星上有明显的四季变化，像地球那样有冬去春回，寒来暑往。主要体现在两极冰盖大小的变化，夏季冰盖缩小，冬季则扩大。

奥林波斯山

　　奥林波斯山（又译作奥林帕斯山、奥林匹斯山）高度为27千米，其高度是地球上珠穆朗玛峰的3倍，火山口直径达90千米，深约3千米，坡度平缓，形如一个巨大的盾牌。它是火星上最大的火山，也是太阳系中人类已知的最大的火山。

火星沙尘暴

　　火星基本上是沙漠行星，地表沙丘、砾石遍布，沙尘悬浮在半空中。火星上的风速可达每秒180多米，相当于12级台风，所以火星上有太阳系最大的沙尘暴。火星沙尘暴一旦刮起来，可以持续3个多月，从地球上看这个时期的火星，就像一盏暗红色的灯笼。

北极　　　　　　南极

极地冰冠

　　在火星两极拥有着成分截然不同但都永久性存在的白色极冠。北极冠主要由水冰组成，厚度为3千米。相比于北极冠，南极冠更厚，其温度也更低，大部分是由干冰组成的。

火星的地形地貌

　　火星和地球一样拥有多样的地形，有高山、平原和峡谷，火星上基本上是沙漠行星，地表沙丘、砾石遍布。由于重力较小等因素，地形地貌与地球相比亦有所不同。火星南北半球的地形有着强烈的对比：北方是被熔岩填平的低原，南方则是充满陨石坑的古老高地，而两者之间以明显的斜坡分隔；火山地形穿插其中，众多峡谷亦分布各地，南北极则分别有由干冰和水冰组成的极冠，风成沙丘亦广布整个星球。

火星上存在过生命吗?

"好奇号"探测器在火星表面发现了圆形鹅卵石,这证明曾有河水经此流过。据推测,约40亿年前,火星也许是一个水世界。液态水的存在意味着这里能够诞生生命,也适宜生命生存。

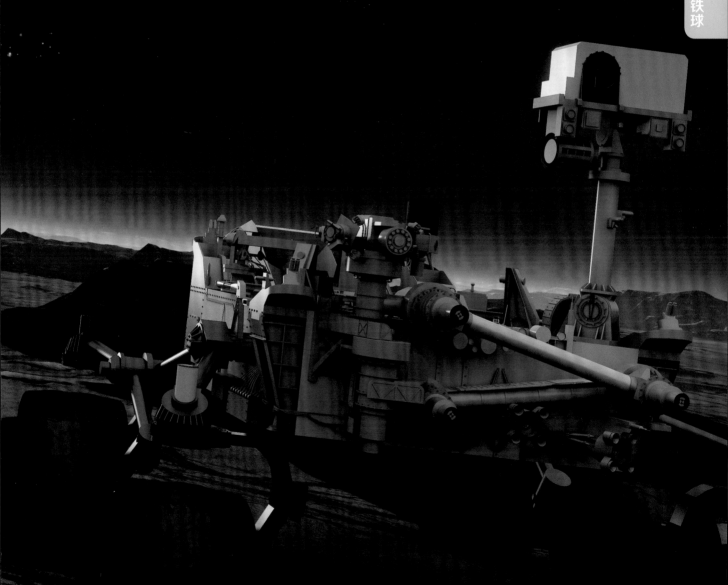

 ## 蓝太阳

火星大气中的尘粒可以让太阳的蓝色光较轻易地穿过大气层，其他颜色光则被散射到空中。因此，火星日出和日落时的天空，太阳周围会呈现出一圈暗蓝色，距离较远的天空则会呈现出偏紫色或者粉红色。

 ## 火星内部结构

如今，人类对火星内部的结构仍然无法给出准确的答案，只能通过火星探测器传回的数据，对火星结构进行推测。经过对大量数据的分析，火星内部的结构可能与地球相似，在火星高密度的内核外，包裹着一层熔岩一样的地幔，而在火星最外层的是一层薄壳。

地壳　地幔
地核

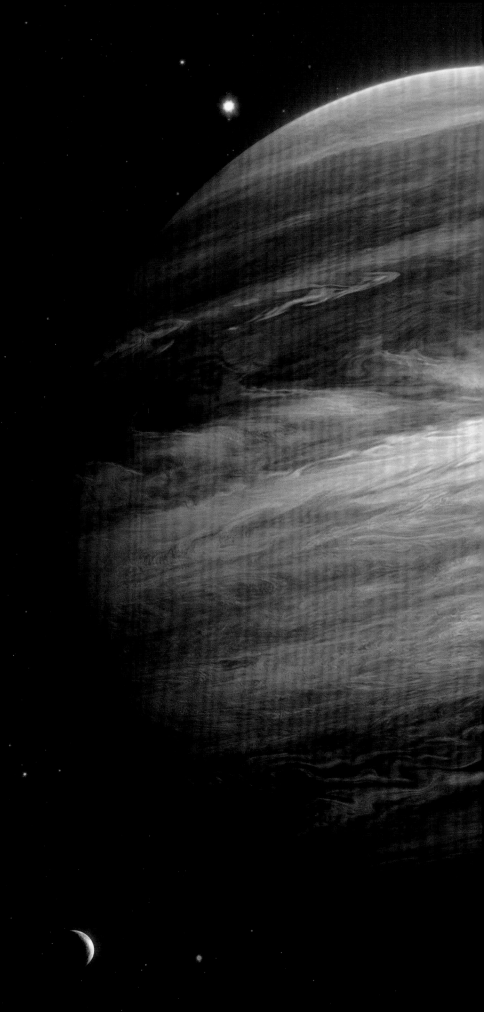

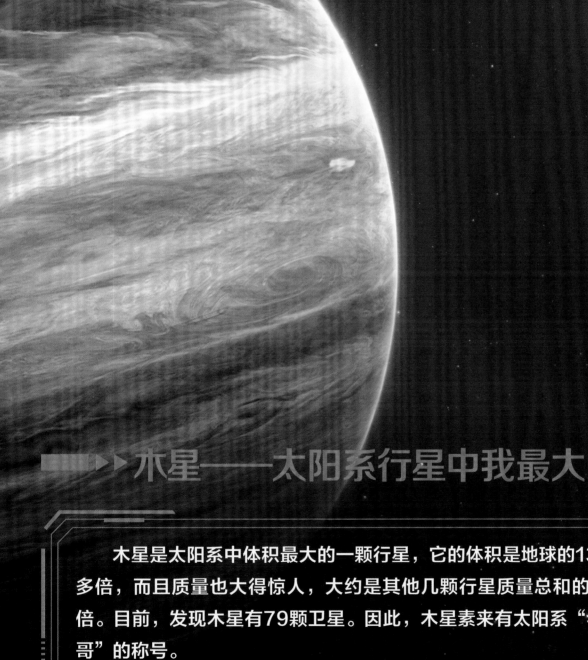

木星——太阳系行星中我最大

木星是太阳系中体积最大的一颗行星，它的体积是地球的1300多倍，而且质量也大得惊人，大约是其他几颗行星质量总和的2.5倍。目前，发现木星有79颗卫星。因此，木星素来有太阳系"老大哥"的称号。

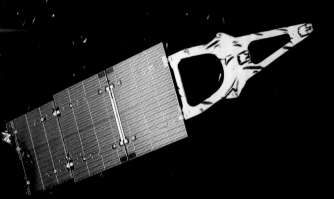

身披花纹的大气球

　　身披绚丽彩带的木星看上去就像太阳系中的一颗糖果，其实，这些色彩缤纷、斑驳陆离的花纹，是肆虐的风暴经过木星云层时形成的。作为一颗气态行星，木星没有固态表面，它被厚达1000米的浓稠气体所包裹，是太阳系中最大的气态巨行星，也是太阳系中最大的行星。

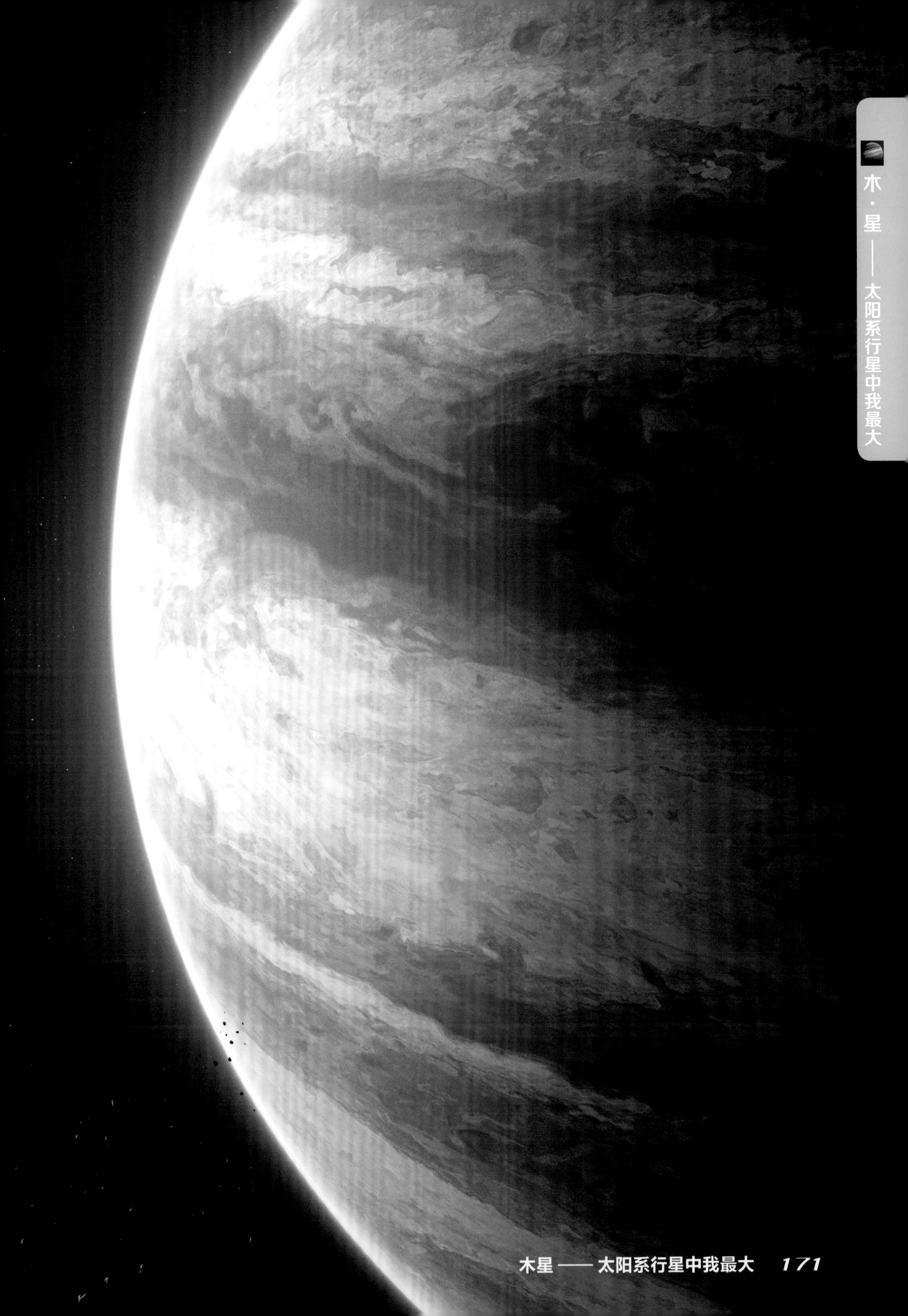

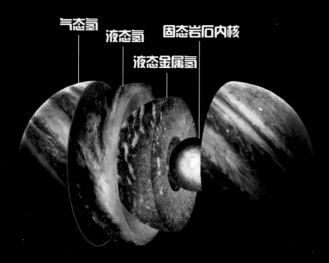

气态氢　液态氢　固态岩石内核
液态金属氢

木星的结构

　　木星的结构由外到内依次为：气态氢、液态氢、液态金属氢、固态岩石内核。

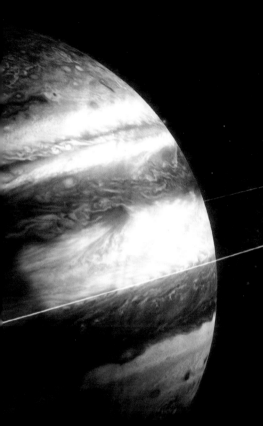

木星环

你看到围绕在木星周围的光环了吗?这是木星环,是围绕在木星周围的行星环系统,它们由大量尘埃和黑色碎石组成。木星环主要由三个部分组成:内侧像花托的,是由颗粒组成的"晕环";中间狭窄且薄的最光亮的部分是"主环";外圈既厚又黯淡的则是"薄纱环"。

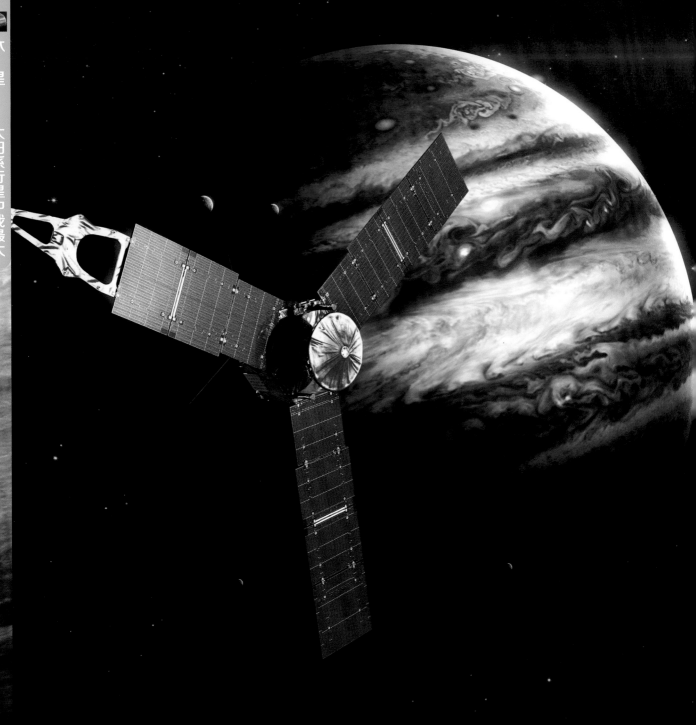

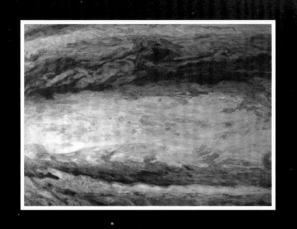

氨-硫云带

木星大气层中的氨（ān）–硫云带，为木星披上了美丽的条纹外衣。氨–硫云带的颜色变化与它所在高度有关，最低处为蓝色，随着高度增加，逐渐变为棕色，然后是白色，最高处为红色。在不同颜色之间的边界，时常呈现出暴风雨怒号的景象。

彩色的云

木星大气主要是由氢气构成的，还有少量的氦气和氢化物气体，这些气体化合物在不同温度、高度下凝结，就形成五颜六色的云。

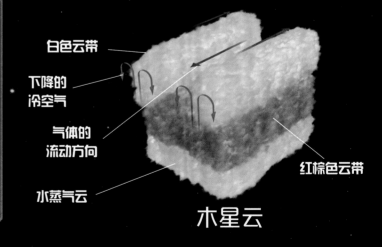

白色云带

下降的冷空气

气体的流动方向

水蒸气云

红棕色云带

木星云

卫星最多

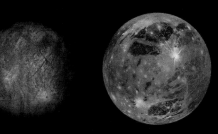

木星是太阳系中卫星数目最多的一颗行星，到目前为止，已发现木星有79颗卫星。木卫一、木卫二、木卫三、木卫四于1610年被伽利略用望远镜发现，称为伽利略卫星。除4颗伽利略卫星外，其余的卫星多是半径几千米到20千米的大石头。木卫三较大，其半径为2631千米。

木卫二　　　　　木卫三

大红斑

木星的表面大多数时候是变幻莫测的，但有一个最显著、最持久的特征为人们最熟悉——大红斑。大红斑是位于赤道南侧的一个红色卵形区域。经研究，科学家们认为，木星的大红斑是由耸立于高空、嵌在云层中的强大旋风或是一团激烈上升的气流形成的。

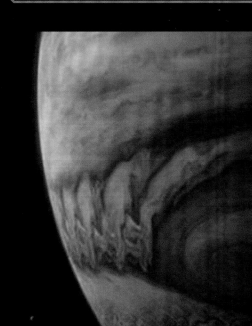

木星自带"间谍清除器"

由于体形庞大，木星具有太阳系行星中最强大的磁场。大量带电粒子被困在磁场中，由此形成剧烈的辐射带，就像个消除"间谍"的"清除器"，各类仪器在其周围都会很快失效。

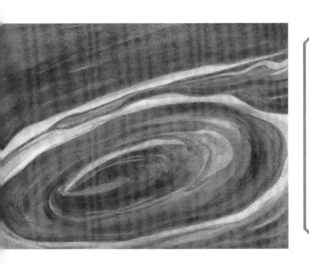

宇宙中最大的"咸鸭蛋"

木星外观就像个"咸鸭蛋"。"大红斑"和"白卵"是木星的独特标志。"咸鸭蛋"是太阳系里最强的风暴气旋，在"大红斑"的上空，有至少1300℃的雷暴在不停地咆哮。

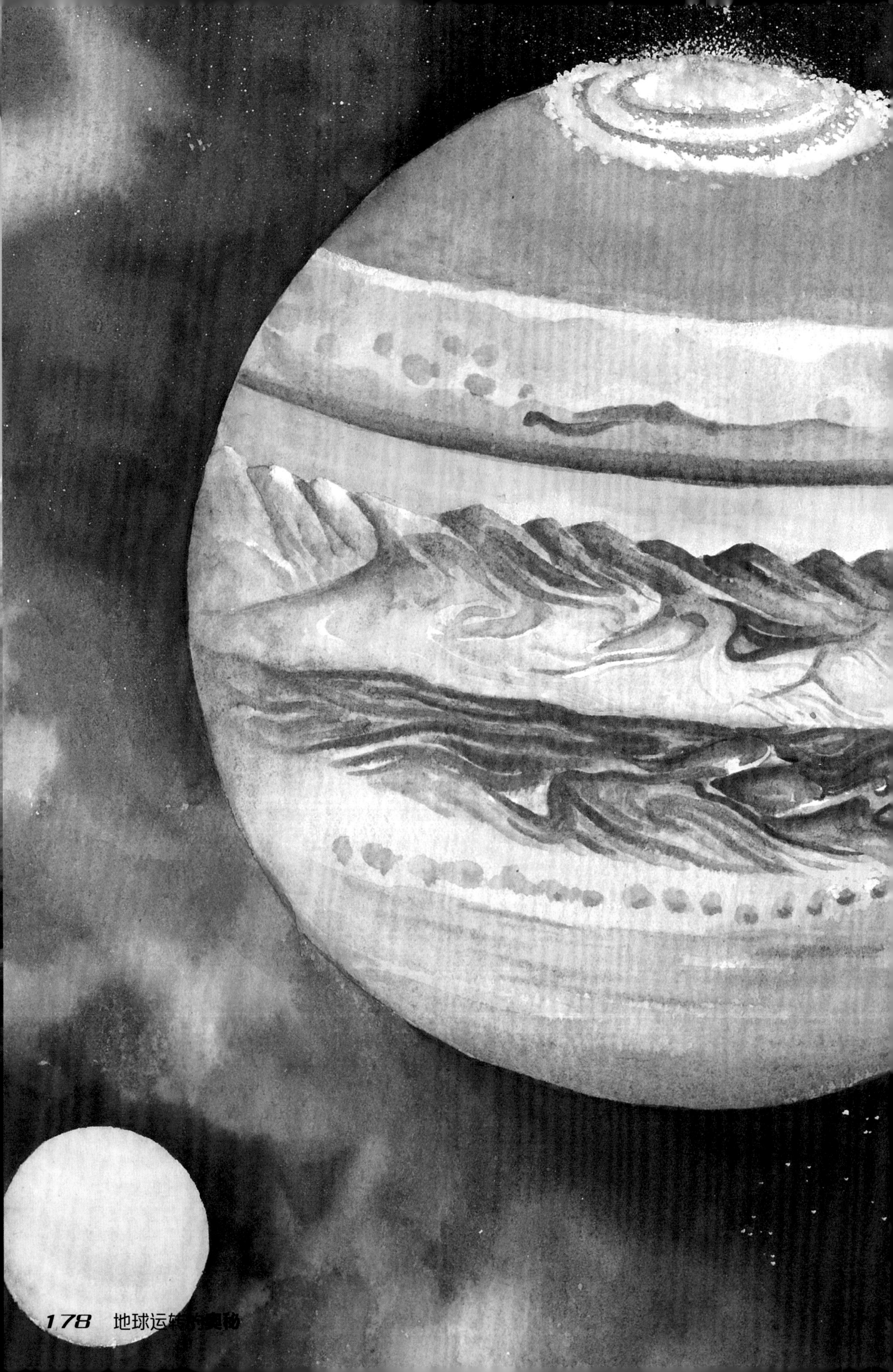

木星在太阳系行星中最大

　　木星在太阳系的八大行星中体积最大，自转也最快，大到可以装下1300多个地球。组成木星的物质绝大部分是氢气，因此木星也被科学家称为"气态巨行星"。木星表面云层色彩绚丽，也有光环存在，但不及土星环那样耀眼，看起来不但薄而且发出的光很微弱。

土星——"穿着芭蕾舞裙"的星球

　　在太阳系中,没有比土星更美丽的行星了,这颗"翩翩起舞"的轻灵星球,是一颗气态行星,它身着"舞裙",仿佛在跳芭蕾舞。它的"舞裙"其实是土星环,这是土星最为明显的特征。壮丽的土星环让人不禁感叹宇宙的鬼斧神工。

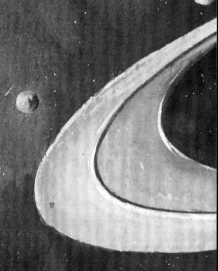

土星如同一个旋转的大水滴，它由液体和气体组成，是太阳系里的第二大行星。

土星光环的冰块是从哪里来的呢？科学家推测，它是一颗卫星被彗星撞击以后的残骸。

🪐 土星光环竟是"近代"产物

土星的光环主要由冰、尘埃和石块构成，宽达20万千米，可以在上面并列排下十多个地球。而土星光环及冰质卫星，并不是和土星一样有40多亿岁，科学家推测，可能是在1亿年前才出现的"装饰品"，甚至比地球上恐龙兴盛的年代还要更晚。

大约1亿年前，土星相邻卫星的轨道交叉，卫星间发生了碰撞，从碰撞之后的"瓦砾堆"中，诞生了现在的这些卫星和光环。

D 环

液态金属

——C 环——

C 环紧紧地围绕在薄薄的 D 环外面。

B 环

B 环作为主环当中最明亮、最宽的环，它拥有着约 25500 千米的宽度和 5~15 米不等的厚度。

——A 环——

每一个环的命名是按照发现先后次序而来的，因此 A 环是第一个被发现的环。

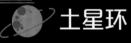 **土星环**

土星有一个十分显著的行星环，我们可以通过望远镜直接观测，其主要成分是冰的微粒和较少数的岩石残骸以及尘土。

液态氢和氦

土星构造

土星的内部结构与木星相似，有一个被氢和氦包围着的小核心。岩石核心的构成与地球相似但密度更高。在核心之上，有更厚的液体金属氢层，然后是数层的液态氢和氦层，最外层则是厚度500~800千米的土星大气层。

土星极光

岩石核心

土星大气层

圆环间隙

圆环中的一部分区域被土星卫星的引力清除得干干净净，剩下了空空的间隙。位于A环和B环之间的间隙是最大的，我们叫它"卡西尼缝"。

飘浮在宇宙中的"草帽美人"——土星

正如水星没有水，土星也没有土，其主要构成物质是氢和氦。土星的密度比水要小，所以要是有一片足够大的水域，就能让气态的土星漂浮其中。

土星风暴

天文学家通过分析红外线影像发现，土星有一个"温暖"的极地旋涡，这一特征在太阳系内是独一无二的。天文学家认为，这个点是土星上温度最高的点，土星上其他各处的温度是-185℃，而该旋涡处的温度则高达-122℃。

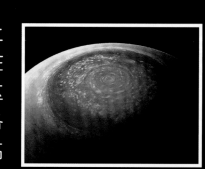

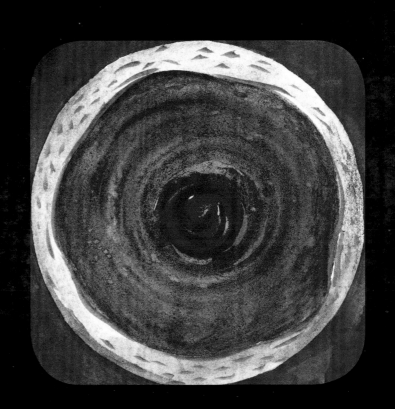

 ## 独一无二的 "六角云"

土星的正北极旋转着一团巨大的六角形云，云层的直径居然可以达到地球直径的4倍。奇妙的是，这个云层会随土星的自转而一同旋转。科学家们猜想，这是由土星复杂的大气运动造成的。

 土星白斑

　　土星的白斑是在1933年8月被发现的，这块白斑出现在赤道区，呈蛋形，长度达土星直径的1/5。此后，这块白斑不断地扩大，几乎蔓延到整个赤道带。

土星极光

　　科学家采用美国宇航局"卡西尼"号太空探测器的精密仪器观测到土星极冠有神秘的明亮极光。研究人员发现，土星极光每天都在发生，有时伴随土星自转而运动，有时却又保持静止。它有时能持续好几天发亮，不像地球极光那样只能持续较短时间。与地球或木星极光不同的是，土星极光在这颗行星的昼夜交替之际显得尤其明亮，有时会成为一个螺旋形。

土卫二

　　土卫二是土星的第六大卫星。是一个直径约500千米的"小世界"，它表面被耀眼的白色冰层所包裹，导致超过90%的光线都被冰所反射，让它成为太阳系中反光率最高的天体。科学家通过分析引力场判断，土卫二存在一个巨大的"地下海"，这也许是寻找外星生命的理想地之一。

土星

火星

心宿二

"三星一线"

　　"三星一线"是一种非常稀有的天象，隔30年才发生一次。当美丽的土星、火星和天蝎座最亮恒星"心宿二"三者依次连成一条直线的时候，将出现令人心驰神往的"三星一线"奇观。

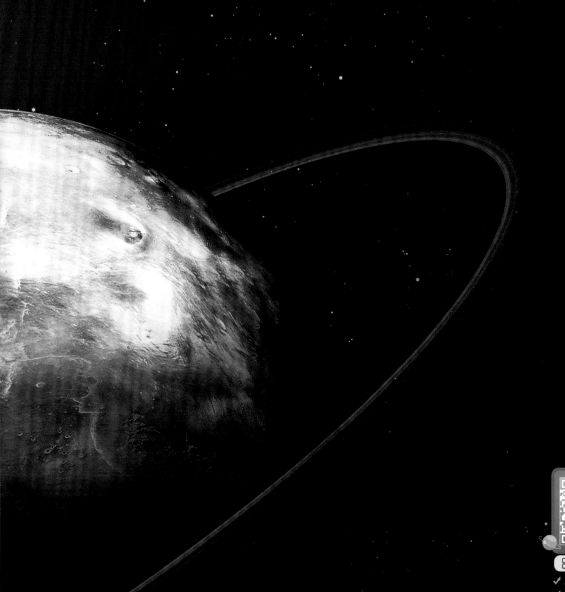

▶▶天王星——"躺"在公转轨道平面上

天王星是太阳系由内向外的第七颗行星，其体积在太阳系行星中排名第三，质量排名第四。天王星的英文名称Uranus，来自古希腊神话中的天空之神乌拉诺斯（希腊神话中的第一代众神之王），所以天王星的名称取自希腊神话而非罗马神话。

天王星物质构成

天王星主要是由岩石与各种成分不同的水冰物质所组成，它的标准模型结构包括三个层：中心是岩石和疑似冰的物质组成的核，中间层是水、甲烷和氨构成的冰层，最外层是氢和氦等气体组成的外壳。

氢、氦等气体构成的大气

水、甲烷和氨构成的冰层

岩石和疑似冰的物质组成的内核

天王星物质构成图

与太阳系的其他行星相比，天王星的亮度也是肉眼可见的。和其他巨行星一样，天王星也有环系统、磁层和许多卫星。天王星的环系统在行星中非常独特，因为它的自转轴斜向一边，几乎就"躺"在公转轨道平面上，所以南极和北极也"躺"在其他行星的赤道位置上。从地球上看，天王星的环像是环绕着标靶的圆环。

天王星探测

美国航天局研制的"旅行者"2号在1977年发射，于1986年1月24日最接近天王星，距离近至81500千米。这次的拜访是唯一的对天王星的近距离探测，此次探测研究了天王星大气层的结构和化学组成，并发现了10颗新卫星，还探测发现了天王星因为自转轴倾斜所造成的独特气候。

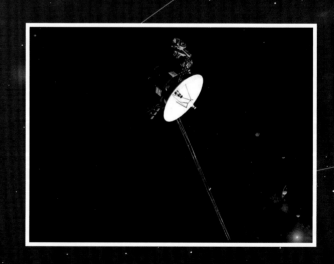

天王星

天王星自转轴

　　天王星的自转轴可以说是"躺"在轨道平面上的，倾斜的角度高达97.92度，这使它的季节变化完全不同于其他的行星。其他行星的自转轴相对于太阳系的轨道平面都是朝上的，转动的天王星则像倾倒而被碾压过去的球。

行星撞击天王星

天王星的自转轴是"躺"在轨道平面上的，倾斜的角度已经高达97.92度。科学家们通过一台超级计算机模拟，得出以下结论：在太阳系形成早期，大约40亿年前，一颗质量相当于地球两倍的行星撞击了天王星，被撞翻的天王星，从此便开始"躺倒"运转。

观测天王星

每年8月底至12月底是天王星最亮的时候。其中，8月底至9月底的每个晴朗的夜晚，我们都可以看到天王星，而且在此期间，观测条件比较适宜。关于观测工具，双筒望远镜与天文望远镜都是很好的选择。

天王星表面

　　天王星可能是太阳系中"最臭"的星球，因为天王星的表面布满了硫化氢和氨气形成的旋涡流，而硫化氢闻起来有臭鸡蛋气味。在天王星表面之下还隐藏着含有甲烷、氨和水的罕见冰状混合物。天王星没有明显的动态特征，它处于永久性深度冻结状态。

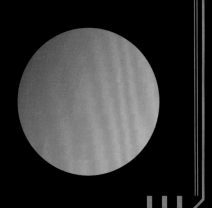

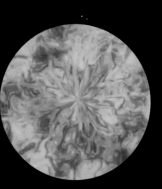

天王星上真的有"钻石海"吗

　　目前，科学家根据"旅行者"2号所发回的资料推测，在天王星上，可能存在一个由镁（měi）、水、硅、碳氢化合物等组成的液态钻石海洋。这片海洋温度高达6650摄氏度，深度达到10000千米。巨大的大气压力导致这片海洋无法蒸发，这片沸腾的海洋，可能就是天王星的"钻石海"吧。

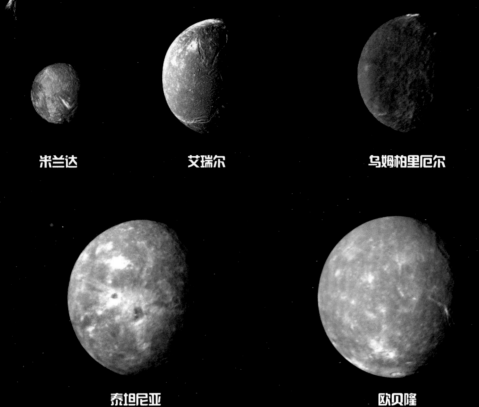

米兰达　　　　艾瑞尔　　　　　　乌姆柏里厄尔

泰坦尼亚　　　　　　　　欧贝隆

 天王星的卫星

已知天王星有27颗天然的卫星，这些卫星的名称都出自莎士比亚和蒲柏的歌剧。天王星的5颗主要卫星的名称分别是米兰达、艾瑞尔、乌姆柏里厄尔、泰坦尼亚和欧贝隆。

天卫三

这是天卫三，它不仅是天王星最大的卫星，同时也是太阳系中第八大卫星。它的表面由火山口地形及相连长达数千米的山谷混合而成，一些火山口已被填没了一半。因为曾经发生过火山活动，所以天卫三的表面覆盖着大片火山灰。

天王星的行星环

　　天王星有一个暗淡的行星环系统，由直径约10米的黑暗粒状物组成。它是继土星环之后，在太阳系内发现的第二个行星环系统。已知天王星有13个圆环，天王星的光环像木星的光环一样暗，但又像土星的光环那样有相当大的直径。

在天王星很难过生日

天王星绕太阳公转一圈是84地球年，也就是说，天王星的1年相当于地球的84年。如果在天王星生活一年，我们人类几乎就过完了一生。

"躺着打滚的冰巨人"——天王星

天王星是太阳系中唯一缺乏内部能量的行星，内部则由岩石和冰组成，这使得它成为八大行星中的"冰巨人"，最低温度为-224℃。它的大气可能是由无数的彗星聚合而成的，主要成分是氢和氦。

与其他行星不同，天王星几乎是横躺着围绕太阳公转，这使得它的四季和昼夜都变得复杂起来。人们推测，很久以前天王星与一个巨大的天体相撞，从此就"一倒不起"。

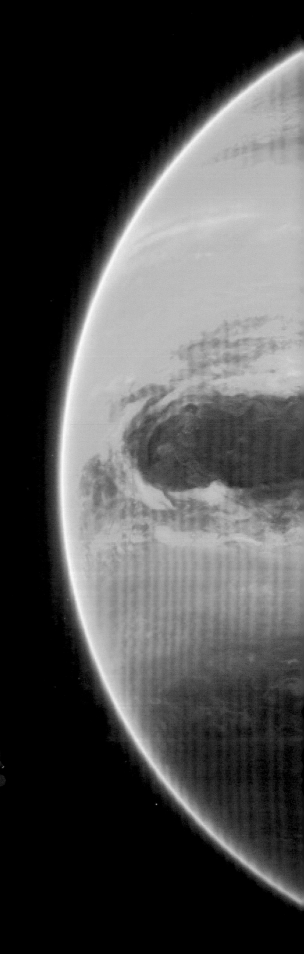

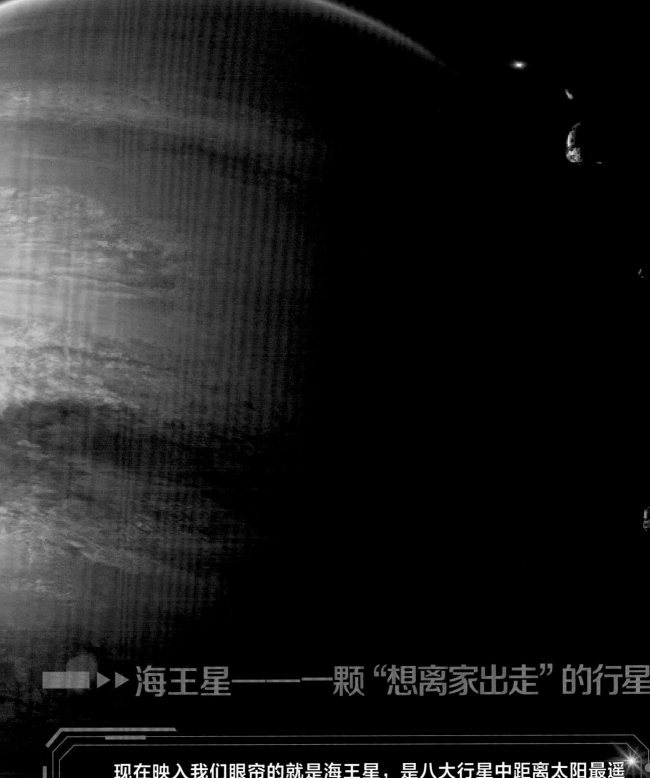

■▶▶海王星———一颗"想离家出走"的行星

　　现在映入我们眼帘的就是海王星，是八大行星中距离太阳最遥远的行星，在太阳系遥远的边缘闪烁着微微蓝光。海王星同天王星一样，也是一颗冰巨星。海王星的大气中含有甲烷，可吸收来自太阳的红色光，因蓝光不被吸收，所以整个星球呈现出蓝色。

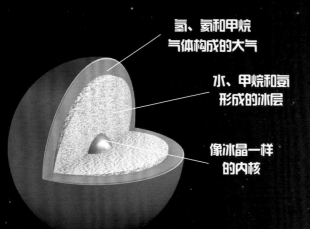

氢、氦和甲烷
气体构成的大气

水、甲烷和氨
形成的冰层

像冰晶一样
的内核

海王星物质构成图

 海王星结构

  海王星内部结构和天王星相似。
行星核是由岩石和冰构成的混合体，
其质量大概不超过一个地球的质量。
海王星的大气层可以细分为两个主要
的区域：对流层，该处的温度随着高
度升高而降低；平流层，该处的温度
随着高度升高而增加。

海王星的表面温度

海王星表面温度为–218℃，是太阳系中温度最低的行星，也是最接近绝对零度的行星，绝对零度为–273.15℃。

蓝色行星

大气中如果有甲烷气体，可吸收来自太阳的红色光，甲烷气体把红光从可见光中剔除，就剩下蓝光。因此，海王星和天王星一样，整个星球看起来是蓝色的。

如何观测海王星

每年夏秋交接的夜晚，拿出你性能稳定的双筒望远镜，极其认真细致观察才可以看到海王星。虽然海王星与天王星的大小相似，但海王星到地球的距离是天王星到地球的1.5倍，因此，海王星更不易被观测到。

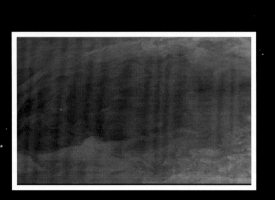

海王星的天气

海王星的大气是太阳系中风速最高的，它的天气特征是极为剧烈的风暴系统，其风速达到超声速，速度约2100千米/时。

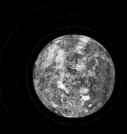

 ## 海王星冲日

海王星冲日的时候，太阳、地球和海王星大致位于同一直线上，地球处于中间位置，由于三者不处于一个严格的平面上，此时海王星的视星等（指观测者用肉眼所看到的星体亮度，数值越小亮度越高，反之越暗）应该是一年中最小的，即观测亮度最大的时候。冲日期间，太阳落山后，海王星从东方地平线升起，直到第二天太阳升起后从西方落下。此后的十余天，海王星与地球相距最近，也是天文爱好者观测海王星的最佳时机。

海卫一表面

　　海卫一表面，到处都是冰火山和间歇泉。冰火山喷发的物质是冰冻的氮气和甲烷，间歇泉涌出的则是高达数千米的液氮、尘埃或甲烷。与木卫一表面的火山不同，海卫一表面的火山活动可能不是潮汐作用造成的，而是季节性的太阳照射造成的。

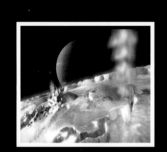

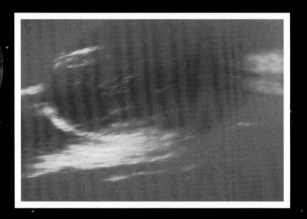

　　海王星在1846年9月23日被发现，是利用数学预测而非有计划的观测发现的行星。天文学家利用天王星轨道的摄动推测出海王星的存在与可能的位置，迄今只有美国的"旅行者"2号探测器曾经在1989年8月25日拜访过海王星。

海卫一的尾

　　海卫一有一条横穿表面的黑暗的尾，它从极区吹出，覆盖海王星表面，整条尾显示出冰质的"喷泉"向稀薄大气喷射黑暗尘埃的形状。

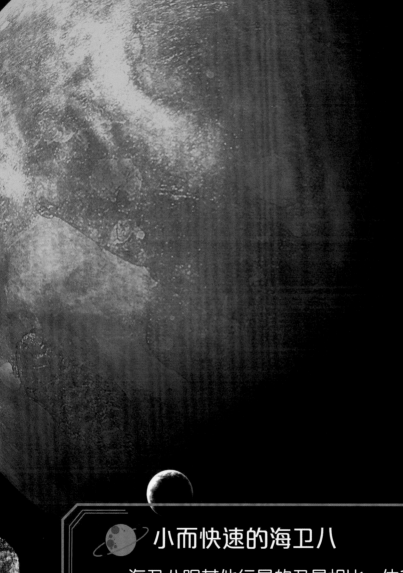

🪐 小而快速的海卫八

　　海卫八跟其他行星的卫星相比，体积比较小但却是海王星卫星中最大的，它的速度也很快，环绕海王星一圈仅需27小时。

盛产钻石的"宇宙富翁"

海王星是一颗冰冷的行星，上面连一滴水都没有，但它却存在着巨大的钻石海洋。星球巨大的压力和高温高热环境，使得钻石由固态转化为液态，分布在星球表面，这里还有太阳系中最快的风暴，风速可达每小时2400千米。

海·王·星——一颗"想离家出走"的行星

 ## 海王星光环

海王星这颗蓝色行星有着暗淡的天蓝色圆环，在地球上只能观察到暗淡模糊的圆弧，而非完整的光环。

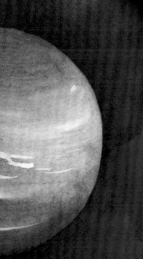

这个蓝色星球拥有6个又窄又暗的拱形光环，是由粉末状的冰粒子构成的。星球表面分布着一些黑斑，那其实是风暴气旋，而位于海王星南半球的大黑斑，直径约有地球那么大。

宇宙的诞生——一切的起源

　　宇宙起源是一个极其复杂的科学问题。千百年来，人类一直在努力探寻宇宙是什么时候、如何形成的。今天，许多科学家认为，宇宙是由很久以前发生的一次大爆炸形成的。宇宙内所存的物质和能量都聚集到了一起，并浓缩成很小的体积，温度极高，密度极大，瞬间产生巨大压力，之后发生了大爆炸，形成了现在的宇宙。

"嘭!"——万物都是爆出来的

在遥远的138亿年前，没有时间，没有空间，也没有物质和能量。一个无限小的点爆炸了。在瞬间的爆炸中，宇宙的时空被打开，空间开始膨胀，时间开始流逝，物质微粒和能量也产生了。

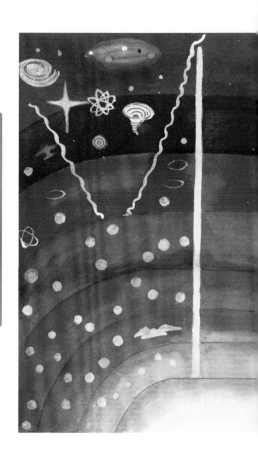

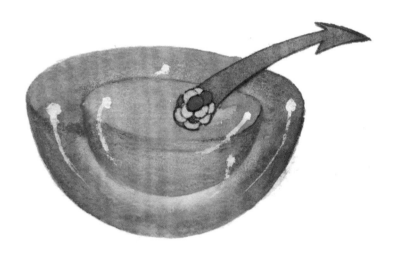

爆炸后，宇宙不断膨胀，导致温度和密度很快下降，逐步形成原子、原子核与分子。这些物质复合成为通常所说的气体，凝聚成星云，进一步形成各种各样的恒星和星系。

我们的身体也是被"炸"出来的

宇宙大爆炸仅仅形成了氢原子和氦原子，其他原子都是后来在恒星的中心形成的，然后通过巨型超新星爆发扩散至无垠的太空。我们的地球及身体的大部分，几乎都是由这些原子构成的。

 ## 大爆炸的"赠品"人人皆有

宇宙大爆炸的"余温"你也可以亲身来感受一下。打开电视机，调到没有节目的频道时，往往会出现密密麻麻的"雪花"，其中一个原因是电视机受到了宇宙大爆炸后剩余温度产生的电磁波的影响。

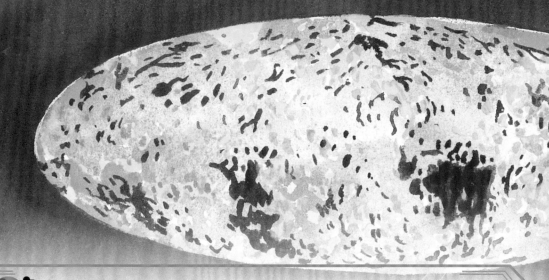

宇宙是什么形状

天文学家经过研究推测出，宇宙是有层次结构，而且物质形态多样、不断在膨胀，并不断运动发展的天体系统。他们认为宇宙的外形像一个吹起的气球，呈弯曲状，也没有边缘，如果走足够长的距离，很有可能又回到起点。

太阳系以太阳为中心，
主要由八大行星组成。

银河系在宇宙中已存在了136亿年，它由上千亿颗恒星以及星团、星云、气体和尘埃组成。

宇宙形成的基础

原子是构成物质的基本粒子，原子核由质子和中子组成。宇宙发生大爆炸之后，质子和中子开始形成原子核。之后，构成所有恒星的氢原子和氦原子便形成了。

像气球一样膨胀的宇宙

宇宙从发生爆炸起就在不断膨胀，在大约50亿年前，暗能量促使这种膨胀加速。用望远镜观察天体时，遥远的星系正在离我们远去，距离越远的星系远离我们的速度越快。这说明宇宙正在不断膨胀，星系间的距离越来越远。

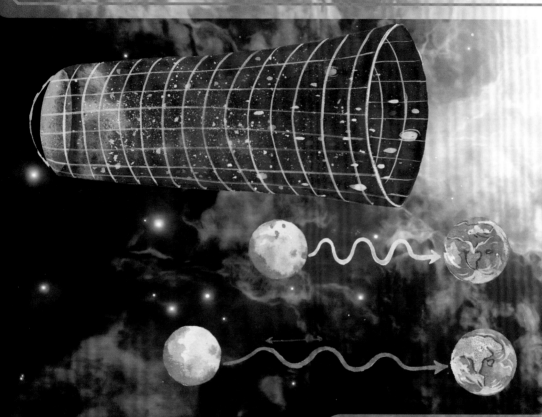

暗能量与引力，谁更胜一筹

虽然暗能量正在使宇宙加速膨胀，但宇宙中也存在着引力，它能把物质吸引在一起，阻止这种无止境的膨胀。这两种力量相互角力，维持着宇宙的平衡。但目前，暗能量仍占据优势。

谁披上了"宇宙牌隐形衣"

宇宙由"看得见的宇宙"和"看不见的宇宙"组成。原子组成了各种天体、星际的普通物质，普通物质又组成了宇宙中"看得见"的部分，它们仅占宇宙总质量的4.9%。

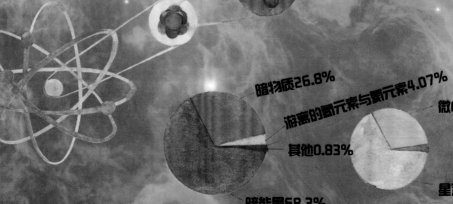

暗物质26.8%

游离的氢元素与氦元素4.07%

微中子0.3%

其他0.83%

未知物质0.03%

星系物质0.5%

暗能量68.3%

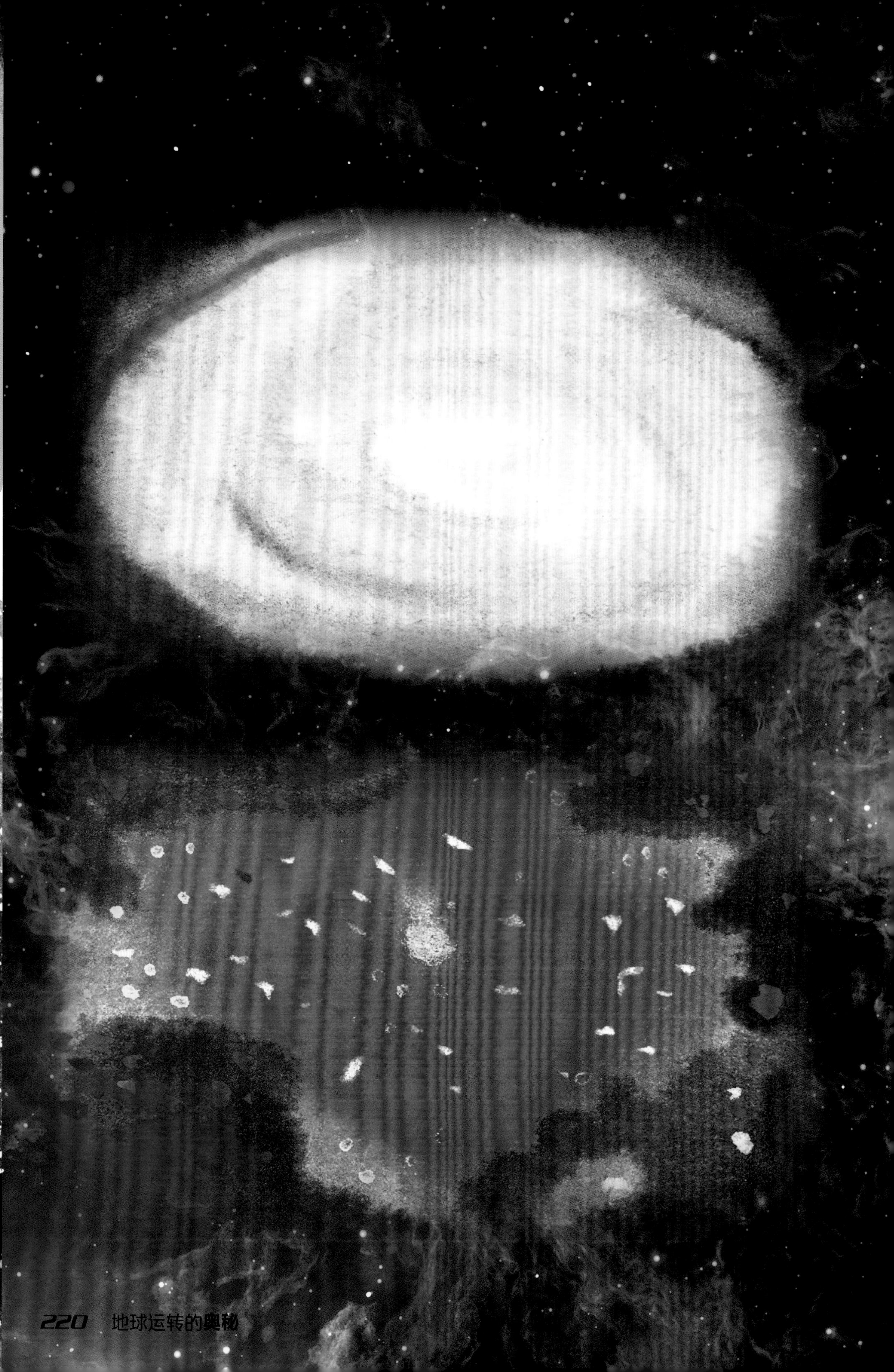

用多大的尺子可以测量宇宙

人类用光线与电波测量宇宙。我们肉眼所见的星星发出的光都是很久以前发出的，从距离地球最遥远的原星系发出的辐射，要历经138亿年的漫长旅行才能到达地球。

也就是说，宇宙已有138亿岁的高龄了。而目前宇宙仍不断地膨胀，宇宙边缘以比光速更快的速度扩张，所以人类现在是无法测量宇宙广度的。

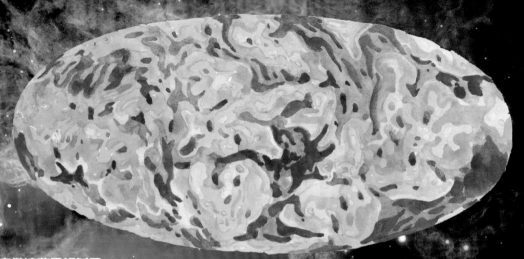

宇宙微波背景辐射图

宇宙的广袤不可估量，我们无法得知它的真实形状。科学家们认为：当前宇宙中物质之间的引力和斥力非常接近平衡；因此，宇宙扩张速度会无限逼近于零，但又永远都在膨胀中。这样的宇宙被认为是平坦的且大小是无限的。

宇宙像是一张广阔的"毯子"

躲在星际深处的"黑暗组织"

　　暗物质是宇宙的一只隐形的巨手，将星系紧紧连在一起。高速运行中的恒星和气体云被暗物质束缚在星系之中，不会四散而去。

　　暗物质只在某些地方聚集成团状，它既不是由原子构成的，也不能反射光或辐射，所以天文学家只能通过它的引力效果来推测它的存在。

 ## 谁能撕裂宇宙

一些物理学家认为，暗能量最终会使宇宙发生"大撕裂"，从而摧毁宇宙。他们声称，在世界末日来临的前两个月，地球将从太阳系剥离，接着月球脱离地球引力束缚。在时间终止前16分钟，地球将会被暗能量撕裂。

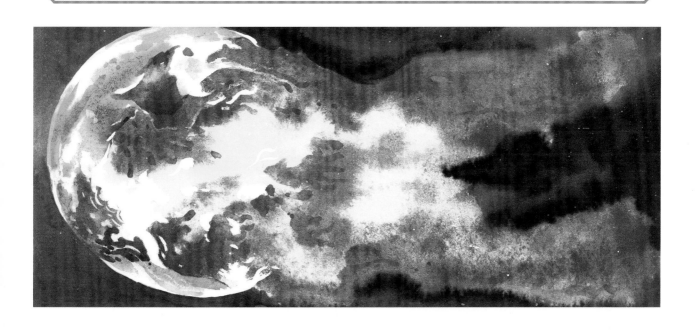

黑洞非洞

黑洞其实并不是大洞，而是宇宙中一种极为神秘的天体。它的可怕之处在于拥有异常强大的引力，只要有东西向它靠近就会被它无情地吞没，即使是光也无法逃脱。

黑洞是恒星的核心形成的，质量奇高。一个直径不到2米的黑洞质量就与海王星差不多。如果地球变成一个黑洞，那么它仅有弹珠那样大。

人类生命居然靠黑洞守护

　　黑洞对地球生命起着非常重要的作用。在宇宙诞生之初，超强的宇宙辐射充斥着整个空间，而黑洞的出现正好吸收了这些辐射，使它们无法将一些生命必备物质"扯碎"。可以说，黑洞在某种程度上帮助地球"制造"了生命。

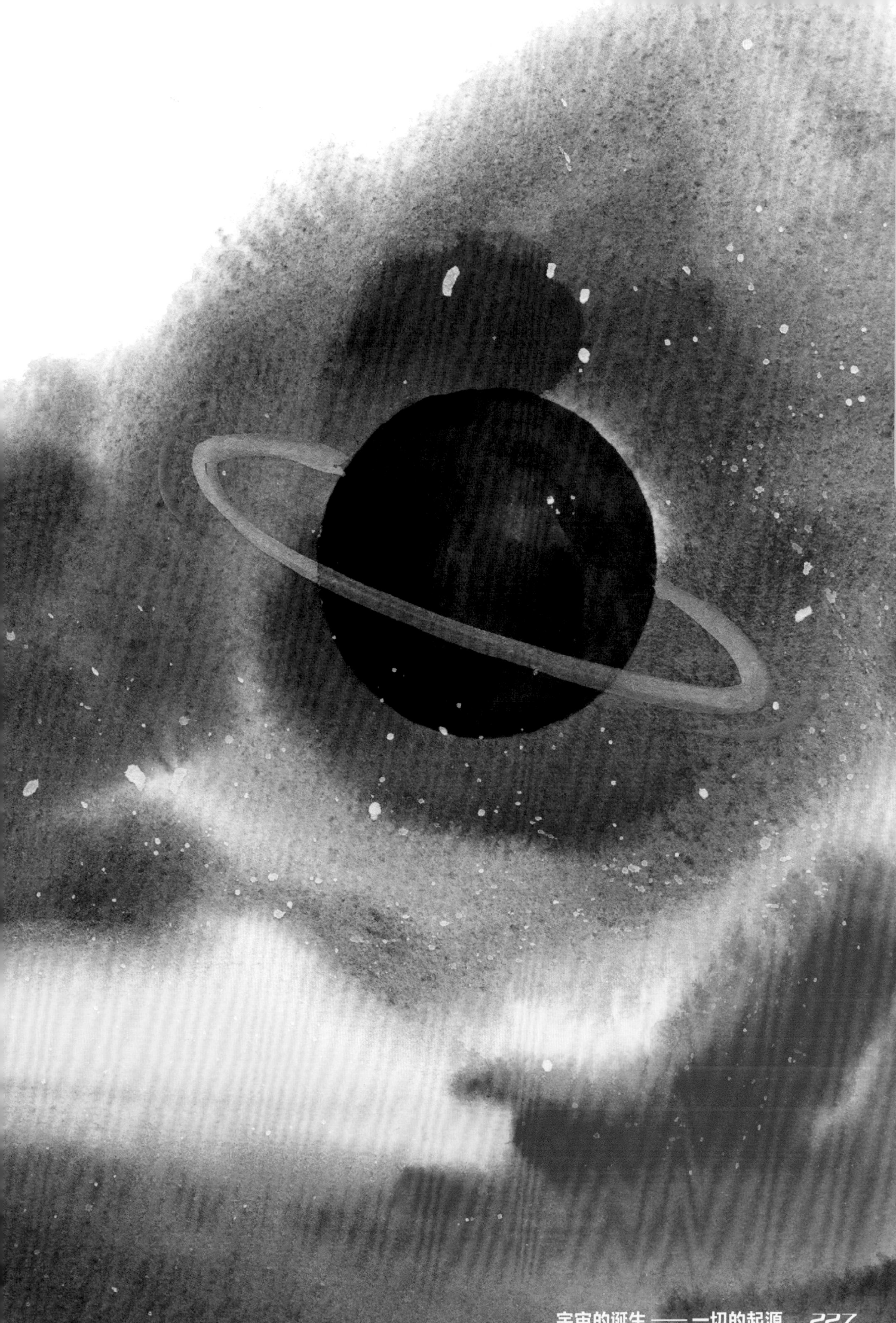

黑洞也会吃饱

黑洞虽"爱吃"却不"暴食"，一旦黑洞的质量达到太阳的500亿倍，它周围的吸积盘可能会不复存在，也就是切断了自己的"食物"供应，使自己无法继续生长。

白洞与黑洞

科学家们相信，既然存在黑洞，那必然存在与其相对的"白洞"。黑洞不断地吞噬物质，而白洞则不断地向外喷射物质。有一种观点认为，当黑洞抵达"生命"的终点，它会转变为一个白洞，并将吞掉的所有东西重新释放出来。

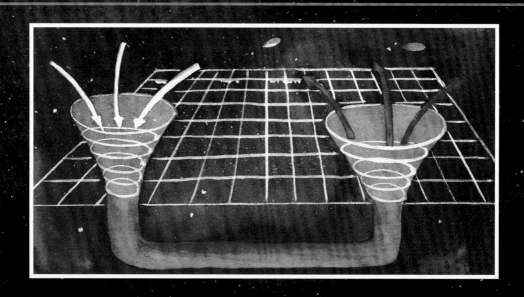

一起来观看宇宙"烟火表演"

在距离地球1.3亿光年的长蛇座南部，两颗旋绕的中子星相撞。在高温下飞速膨胀的高密度碎片云从两个中子星上剥落，形成了爆炸的粉色云团。

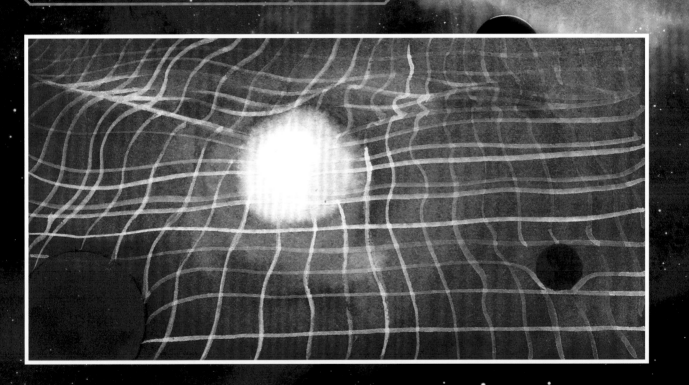

 宇宙大蹦床——引力波

简单地说，引力波就像人在平整的蹦床上突然跳了一下，形成了震动并以波的形式向外延展。而宇宙中的这一次碰撞，让人类首次成功探测到了引力波对应的光学信号。

宇宙不止一个，你也不止一个

引力波在某种程度上验证了平行宇宙的假说。科学家曾经大胆猜想，如果我们的宇宙只是一个"泡沫"，那么在宇宙之外还有其他"泡沫宇宙"形成，且它们之间有可能会碰撞、震荡，从而引起时空涟漪。

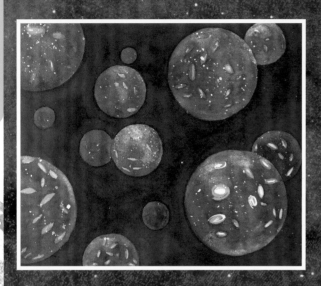

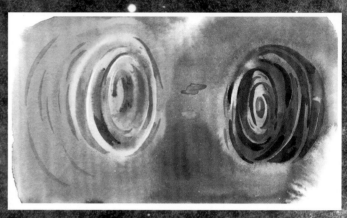

引力波信号其实就是时空涟漪，就像在宇宙最初大爆炸"海洋"中形成的"波浪"一样，在此后的138亿年内不断地在宇宙中"荡漾"，科学家能够从中获得宇宙诞生时的信息。

平行宇宙假想图

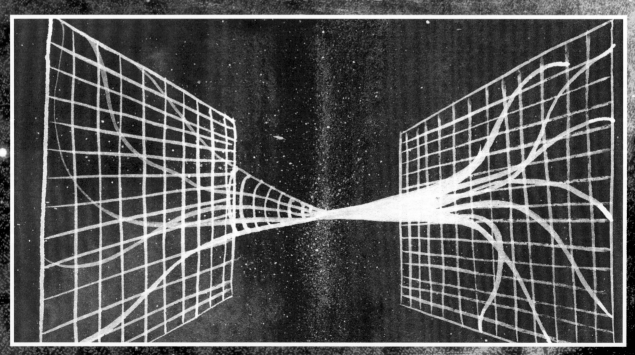

虫洞能让人穿越时空吗

虫洞又叫作时空洞，是科学家推算出来的，是连接宇宙遥远区域间的一条细细的管道。理论上只要能穿越连接两个时空的虫洞，就能进行跨宇宙或者跨时空旅行。

在虫洞理论中，人类不仅可以在浩瀚的星际中快速穿梭，还能回到过去亲眼看一看历史。可惜的是，迄今为止，科学家们还没有找到虫洞存在的证据。

宇宙还有很多未解之谜

宇宙到底是什么样子？究竟有没有外星人？地球还能存在多少年？人们什么时候可以到月球漫步？茫茫宇宙里，还有很多未解之谜等待科学家们去探索和研究。

为了解开这些疑问，人类已经向外太空发射了很多探测器和载人飞船。这些探测器带着各种不同的任务。

火星探测器可以对火星表面采样。

对火星物质构成、火星环境进行分析研究。

对火星进行着陆探测巡视和火星环绕监测。

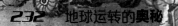

银河系和宇宙年龄差不多

　　银河系是宇宙星系中的一个星系，在天空上好像一条发光的河流，主要组成部分叫银盘，就像一只薄薄的圆盘。银盘外观就像一只薄透镜，分布在银心周围，太阳就在银盘内。天文学家的研究表明，银河系的年龄约为136亿年，跟138亿岁的宇宙几乎一样老。

　　银河系包括数量庞大的恒星以及大量星团、星云，还有各种类型的星际气体和尘埃、黑洞。科学家经过对银河系的银盘研究发现，银盘为波浪状结构，尺寸也很大。

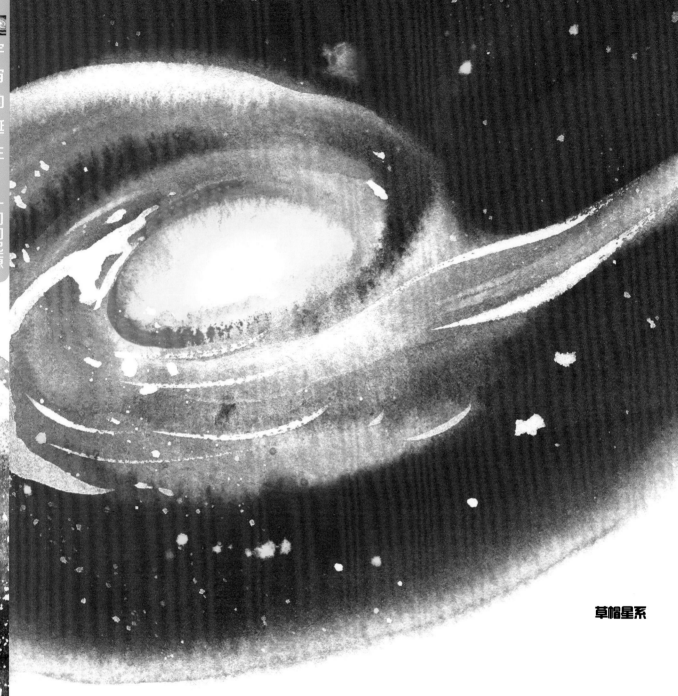

草帽星系

 ## 谁把"草帽"丢到了宇宙中

    草帽星系位于室女座，离地球约2800万光年，约为银河系的10倍大。这个奇特的星系中间膨胀，外围是一条尘埃带，像极了人们戴的阔边草帽。科学家们推测，草帽星系的正中央存在一个大型黑洞。

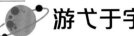 游弋于宇宙海洋中的"巨型蝌蚪"

蝌蚪星系距离地球约4.2亿光年，拖着一条长28万光年的大尾巴，就像一只游弋于宇宙中的蝌蚪。蝌蚪星系与另一大型星系相互靠近，恒星、气体及尘埃被巨大的引力拖拽而出，最终形成了这条壮丽的尾巴。

蝌蚪星系

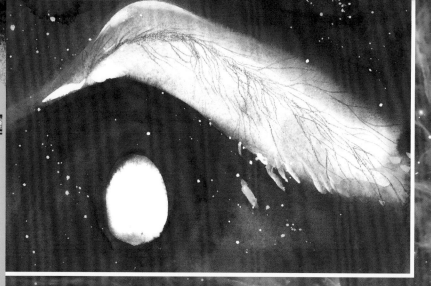

宇宙中也有"海豚"与"蛋"

海豚星系看上去就像一条海豚，当然有些人觉得它看上去更像是一只企鹅在保护一颗蛋。实际上，这是由两个星系组合而成的星系。"海豚"是星系NG 2936的一部分，而"蛋"的部分则被称为"阿尔普142"。大约在1亿年前，"海豚"和"蛋"合并到了一起。

太空中的星系大车轮

车轮星系是一个位于玉夫座的透镜状星系，距离地球约5亿光年，就像宇宙中一个旋转的特大车轮。数条尘埃气体带从明亮的中心辐射而出，延伸到外围的恒星环。这个"车轮"的直径长达15万光年，相当于银河系的1.5倍。

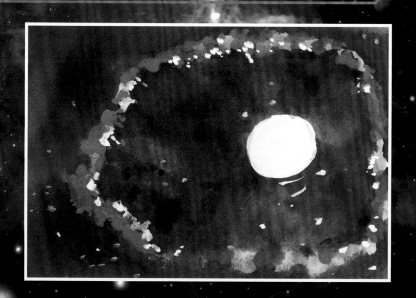

最庞大的巨无霸星系

星系IC 1101是目前已知的宇宙中最大的星系，直径约为550万光年，相当于银河系直径的20多倍，中心的黑洞质量超过了100亿颗太阳。这个超级星系位于巨蛇座与室女座交界的位置，距离地球大约10.45亿光年。

最微小的可爱星系

在银河系中，Segue 2星系是目前已知的最小星系，它仅由1000颗恒星组成，依靠一小团暗物质束缚在一起。这些恒星围绕着联合质心运行，运行速度只有15千米/秒，比地球的公转速度还慢。

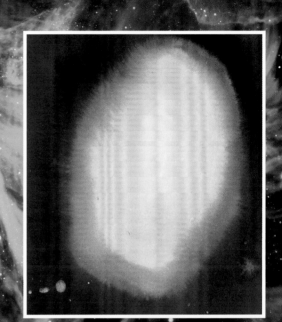

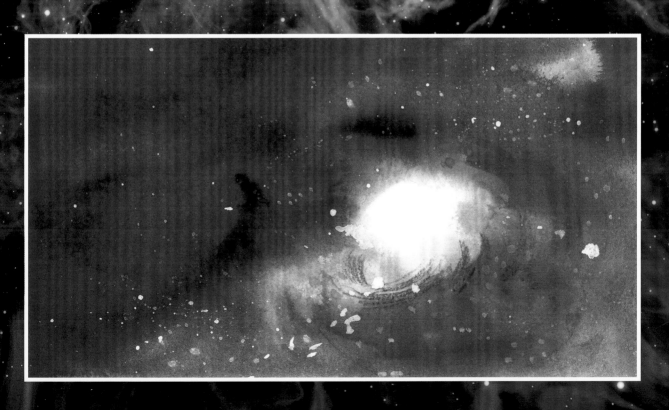

银河系——我们生活的星系

　　银河系整体呈椭圆盘形，具有巨大的盘面结构，目前发现银河系拥有四条清晰明确且相当对称的旋臂，旋臂相距约4500光年。银河系的恒星数量在1000亿至4000亿之间，虽然听起来很多，但其实银河系在宇宙中非常渺小，就像沙漠里的一粒沙或大海里的一滴水。

夏天，在没有灯光干扰的野外看到的银河，气势磅礴，十分壮美。

银河系外面"裹了一层毯子"

我们的银河系由约2000亿颗恒星和各种天体组成，直径为16万光年。它从外围伸出四条巨大的旋臂，如同风车般不停地旋转。银河系还被一团巨大的超炽热气体云包裹着，像是盖了一条光环毯子。

银河系也要"吃饭"

银河系由多个星系组合而成，它会持续"掠夺"外星系物质来不断壮大自己。银河系的长期"食粮"是邻近的人马座矮椭球星系。凭借强大的引力，经过近20亿年的"细吞慢嚼"，人马座矮椭球星系几乎被"吃"得一点不剩。

银河系的死亡倒计时

银河系已有136亿岁了，恒星的寿命通常都在90亿~100亿年，银河系已经差不多把氢气全部用光了，恒星的形成会慢慢地停止；很快就会进入死亡倒计时。

幸好周边有"救生员"人马座矮椭球星系以及仙女座星系。科学家预测，它们会慢慢与银河系碰撞合并，我们的星系将会存在得更长久。

椭圆星系，共同的特征就是有椭圆形的外观，星系中大部分都属于椭圆星系。

星系分为哪几类

　　星系指的是大星系，是由数目庞大的恒星系和尘埃组成的运行系统。最大的星系由万亿颗恒星构成。恒星在星系内不停地运动，星系本身也在运动。科学家将星系分为椭圆星系、螺旋星系和不规则星系三大类。

　　不规则星系看不出形状，或者说外形不规则，而且通常体积都很小，比如，银河系的"大麦哲伦云"就属于不规则星系。

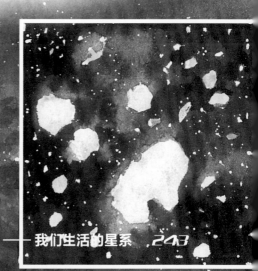

星云居然不是云

宇宙里存在星际气体、尘埃和粒子流等星际物质。在引力作用下，这些物质在宇宙空间的分布并不均匀，某些地方的气体和尘埃可能因相互吸引而密集起来，形成云雾状的"星云"。

星云有着斑斓的颜色，这和它附近的恒星有关。红色的星云是受到恒星的紫外线照射，星云内的氢气产生电离；某些星云依靠反射附近恒星的光线而发光，通常呈蓝色；如果星云附近没有亮星，则会暗淡无光。

穿越星云是什么感觉

太阳其实就穿行在一个星际云团内，这团星云大小约30光年，是由天蝎–半人马星协的恒星形成区涌出而形成的。太阳系在数万年前进入其中，并且还会继续在里面运行1万～2万年，甚至还要更久。

星星出生在这里

星云是孕育恒星的"加工厂"，在这个区域形成的大量物质拥有巨大的质量，这些物质渐渐聚集成恒星，剩余的"边角料"就会变成行星或是其他星体。比如，老鹰星云中最著名的"创生之柱"，里面就孕育着新的恒星。

恒星与星云的"血缘关系"

星云和恒星可以互相转化，所以它们其实是有"血缘关系"的。星云物质在引力作用下压缩成为恒星，当恒星发生爆炸时，散开的气体物质会成为星云的一部分。它们就在广袤的宇宙中不断地轮回。

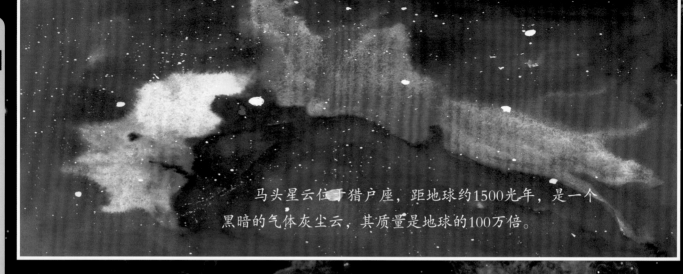

马头星云位于猎户座，距地球约1500光年，是一个黑暗的气体灰尘云，其质量是地球的100万倍。

多姿多彩的弥漫星云

弥漫星云就像空中的云彩散漫无形，常常呈现为不规则的形状，直径为几十光年左右。弥漫星云通常集中在一颗或几颗亮星周围，而这些亮星都是形成不久的年轻恒星。

在宇宙中"吐烟圈"的星云

行星状星云也叫环状星云，样子有点像吐出的烟圈，边缘是略带绿色的圆面，中心地带往往有一颗很亮的恒星在喷洒物质。它的形状酷似一些大行星，所以得到了这个名字。这种星云的体积在不断膨胀，通常会在数万年之内逐渐消失。

天琴座环状星云距地球约2000光年，是6000~8000年前的恒星爆发而形成的。

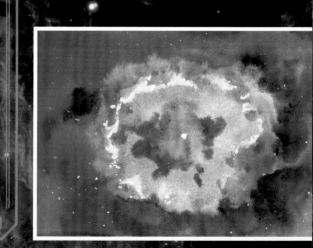

蹁跹的太空蝴蝶——双极星云

双极星云形状类似沙漏或蝴蝶，像幽灵般围绕在恒星周围。中心的气体盘面有两颗互相绕转的恒星即将死亡，向外抛出大量灼热的气体，由此形成了非常对称的、类似蝴蝶翅膀的双极结构。

盛放在宇宙的玫瑰星云

玫瑰星云距离地球约5200光年，位于麒麟座边缘。其实这是个星云的集合体，而且其中还包含一个星系团。中央星团里炽热的新生恒星产生星风和辐射，将附近残余的云气吹散掉，造就了这朵奇特的"宇宙玫瑰"。

太阳系"八福星"大有不同

　　太阳系里的八大行星就像陀螺一样不停地围绕着太阳旋转，而这些行星也是"分帮结派"的，各有不同。

　　水星、金星、地球和火星都是类地行星，主要由岩石构成，它们的密度大，体积小，卫星数量少。

　　木星、土星、天王星和海王星属于类木行星，远离太阳，都是主要由气体组成的气态星球，所以密度小，体积大，卫星数量也多。

类地行星

水星　　　　　金星　　　　　地球　　　　　火星

类木行星

木星　　　　　土星　　　　　天王星　　　　海王星

行星是从哪里冒出来的

行星是由年轻恒星周围的尘埃和气体所组成的，行星越年轻，尘埃环越大，这决定了行星的类别。比如大块头的木星，最早只是一团气体，后来在旋转的过程中，石块相互碰撞结为一体，形成了一个石质的内核。

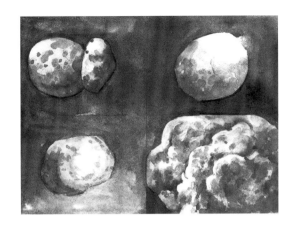

 ## 行星们如何遵守"宇宙交通规则"

行星们都有各自的"行驶轨道"——太阳系的八大行星几乎都在同一个平面上围绕太阳公转，这个平面就叫"黄道面"，是受太阳的引力影响而形成的。

恒星才是伟大的"造物主"

　　恒星主要由氢和氦两种元素构成，一生都在发热发亮。它通过核心的氢氦核聚变反应向宇宙空间释放巨大的能量，即使在毁灭关头也会以惊人的爆发来结束生命，然后向宇宙释放出构成生命物质的重原子。

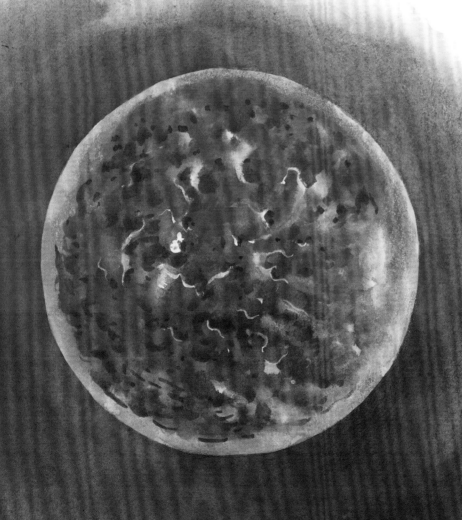

闪闪发光全靠"火气"

恒星内部的温度高达1000万摄氏度，因此里面的物质会发生热核反应。反应过程中，恒星会损失一部分质量，同时会释放出巨大的能量。这些能量以辐射的方式从恒星表面发射到宇宙中，使它看上去闪闪发亮。

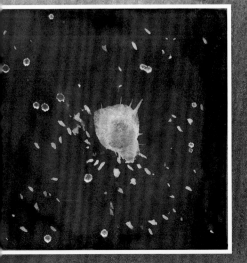

恒星中的闪亮冠军

在夜空中，天狼星是我们肉眼可见的最亮的恒星，它位于大犬座，距离太阳系8.7光年，亮度为太阳的22倍。在银河系另一边的恒星LBV1806-20比太阳亮500万~4000万倍，质量至少比太阳重150倍。

恒星的一生

恒星也和人类一样有着成长、衰老的过程，但是这个过程非常漫长。恒星的颜色会随着生命的消耗而发生变化。一些天文学家给恒星们画了一张"命运图"。

恒星宝宝诞生记——诞生期

在星云密度大的地方，由于引力的作用，星云收缩产生了恒星的雏形——原恒星。原恒星不断地吸收星云中的气体和尘埃，其核心温度也在不断上升，当热核反应被引发，原恒星就会变成真正的恒星。

长成一颗大恒星——成长期

恒星的成长期非常漫长，约占据恒星生命90%的时间，这个阶段称为"主星序"阶段。其间，恒星以几乎不变的恒定水平发光发热，消耗体内的氢能，像一颗超级电灯一样照亮周围的宇宙空间。

忙于消耗的中年——中年期

在"大肆挥霍"几百万到几亿年之后，恒星就会消耗完核心中的氢。这时候核心的温度和压力就像形成过程中一样升高，并逐步膨胀成一个超级"大胖子"——红巨星。

恒星也会老去——衰退期

恒星会在轰轰烈烈的大爆炸中结束自己的生命，同时，它把自身的大部分物质抛射回太空，成为下一代恒星诞生的原料。而留下的残骸也许变成白矮星，也许变成中子星，也许变成黑洞。

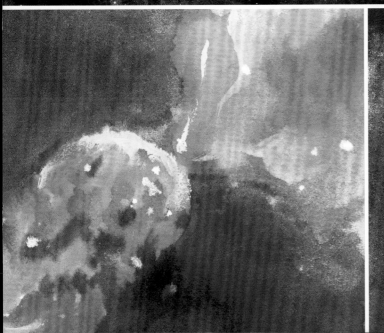

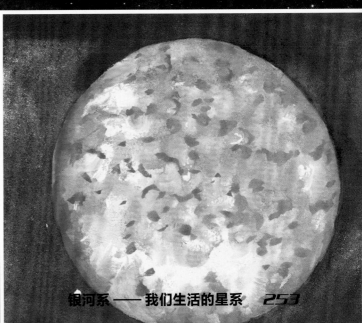

虚有其表的"恒星巨人"

当恒星脱离主星序阶段，进入老年期时，将会膨胀成一颗巨星或者超巨星，它们的亮度与体积是所有恒星中最大的。不过，这些"恒星巨人"密度却小得可怜，与地球大气差不多，只是虚有其表。

恒星处于不同时期，表现出不同特性

宇宙中存在许多不同种类的恒星，有些处于生命旺盛期，有些处于衰老期，有些正处于爆发期，它们在生命的不同阶段表现出不同的特性。

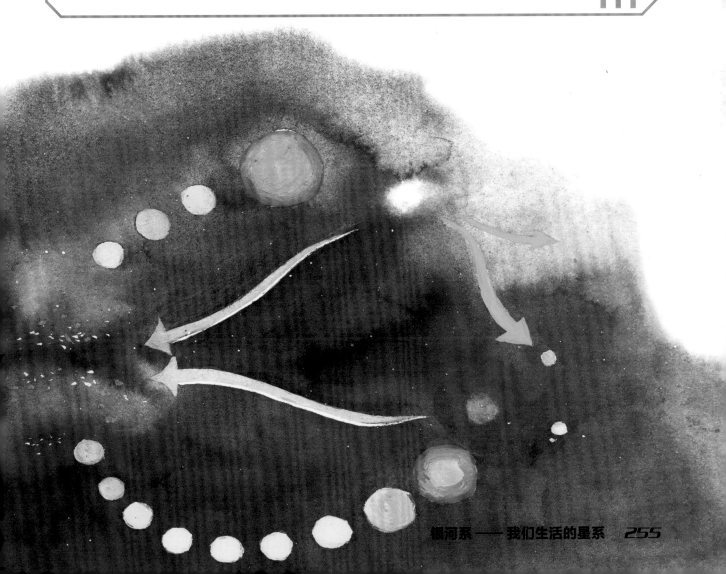

 体重决定命运

　　对于恒星来说，体形庞大并不是一件好事。虽然越重的恒星就越亮，但其寿命也越短，可以说是"体重决定命运"。像太阳这样中等大小的恒星将终结为白矮星，大于太阳8倍的恒星将终结为中子星，更大的恒星将终结为黑洞。

恒星里面的"硬汉子"

质量大于太阳8倍的恒星在生命最后会变成一颗中子星。中子星的直径虽然只有几十千米，但硬度却是钢的100亿倍。一勺的中子星物质，质量会超过整个月球。

恒星当中的"冷面杀手"

磁星是中子星的一种，是宇宙中磁性最强的天体。人类一旦进入磁星1000千米范围内，就会被其巨大的磁场撕成碎片。

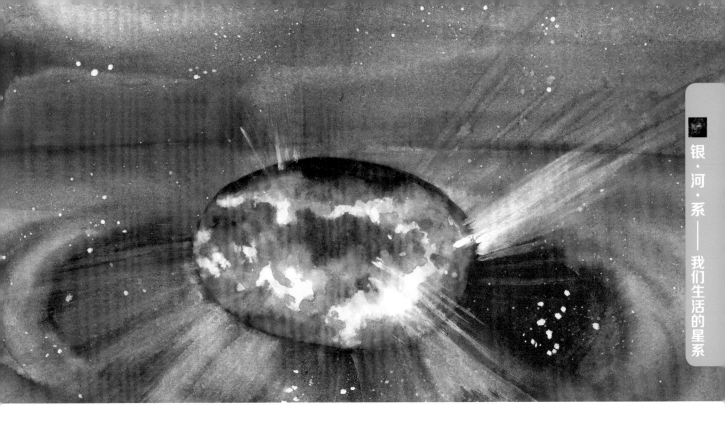

你的身上有超新星的物质

质量较大的恒星在死亡时会发生超新星爆炸。对于地球及地球生命来说，超新星爆炸意义非凡，它向宇宙空间释放各种元素，就连构成人体的基本元素和水也是由它提供的。

冒充外星人的脉冲星

脉冲星是一种高速自转的中子星，它能发出有规律的电磁脉冲信号。当第一颗脉冲星被发现时，天文学家们还以为接收到了外星人发来的信号，于是称它为"小绿人一号"。

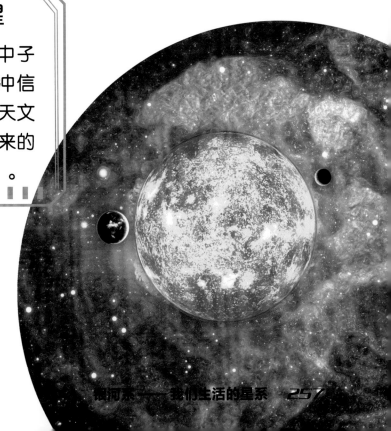

彗星有条长尾巴

彗星是太阳系中的小天体，像这样绕太阳运行的彗星，有1700多颗。一颗彗星，由三个部分构成，分别是彗核、彗发、彗尾。彗星在背离太阳的方向，拖着一条长长的彗尾，有几千万千米长，最长的已经达到几亿千米。因为彗星的形状很像扫帚所以人们也称它为扫帚星。

在晴朗的夜空中，人们有时会看到一道亮光从天空划过，这就是流星。流星就是星际中一些细小物体和尘埃，它们飞入大气层，与大气产生摩擦后会发出光和热。

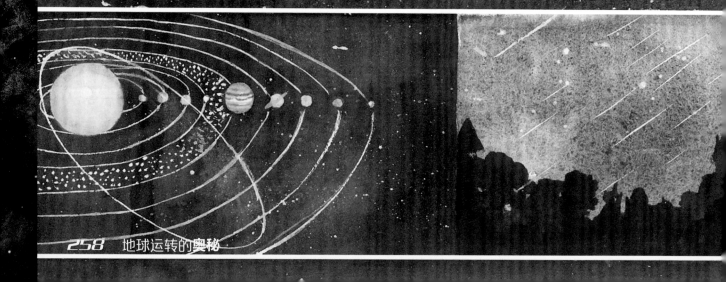

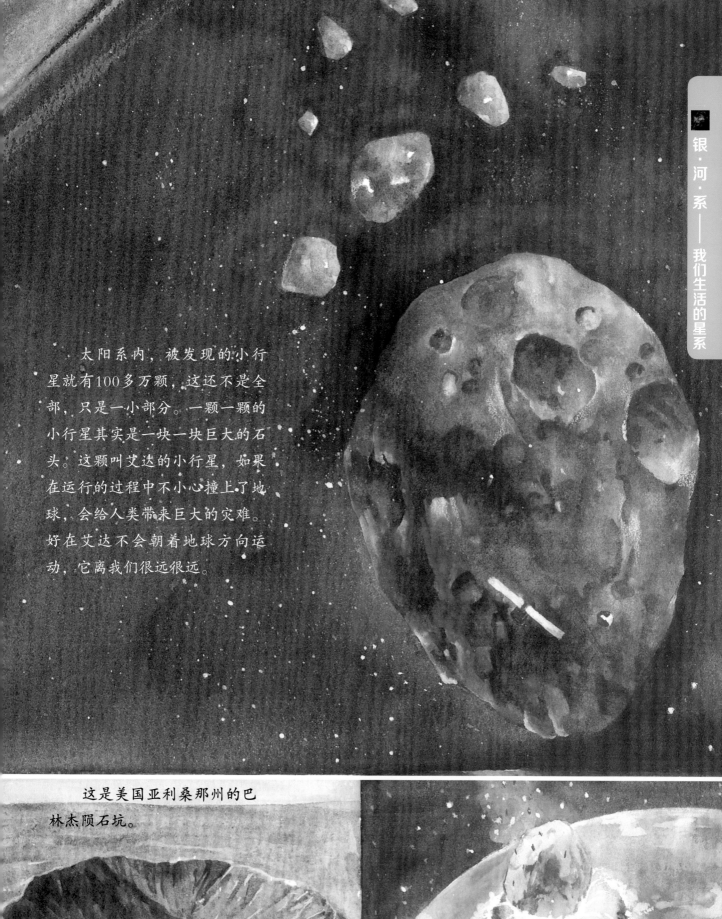

太阳系内，被发现的小行星就有100多万颗，这还不是全部，只是一小部分。一颗一颗的小行星其实是一块一块巨大的石头。这颗叫艾达的小行星，如果在运行的过程中不小心撞上了地球，会给人类带来巨大的灾难。好在艾达不会朝着地球方向运动，它离我们很远很远。

这是美国亚利桑那州的巴林杰陨石坑。

开课了，来看看恒星们的座位表

星座其实是恒星的集合。从古代起，人们便把天上可见的恒星群描绘成一个个图案，并帮它们取了不同的名字。到了现代，人们以天赤道为分界线，统一把天上的星星划分为88个星座。

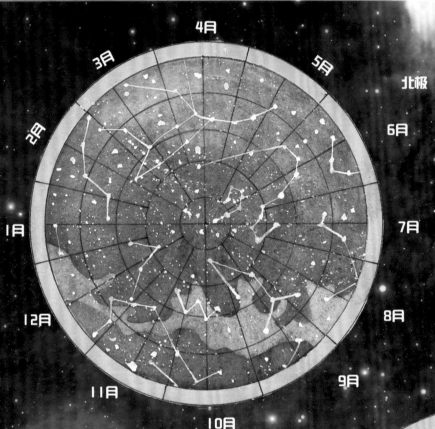

2月　3月　4月　5月　北极　6月　1月　7月　12月　8月　11月　9月　10月

星座不单是用来区分生日月份的

在钟表被发明出来之前，人们依靠观星来感知时间的流逝、季节的更替。根据星星在天上移动的规律，人们把北斗七星当作时钟，这个巨大的"勺子"每天都在北边的天空自转。

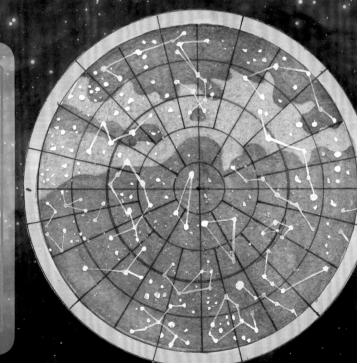

观星还能检查视力

北斗七星其实应该叫作北斗八星，"勺把"上的第二颗星是两颗挨得特别近的星星，只有视力好的人才能看得见。古时候，阿拉伯军队会用这两颗星来检查士兵的视力。

生日时看不见自己的星座

西方占星学中的十二星座是根据太阳落到星座上的位置来决定的，在你生日那天太阳刚好在自己星座上，强烈的阳光会导致星座在白天看不见，而到了晚上星座则跟随着太阳"下山"去了。如果想观察自己的生日星座，可以在生日的前三四个月在夜晚的天空上寻找。

河外星系——宇宙海洋中的岛屿

在宇宙中存在数以亿计的星系，银河系以外的星系被称为"河外星系"，其中最接近银河系的邻居有三位，分别是仙女座星系和大、小麦哲伦星系。

大麦哲伦星系和小麦哲伦星系

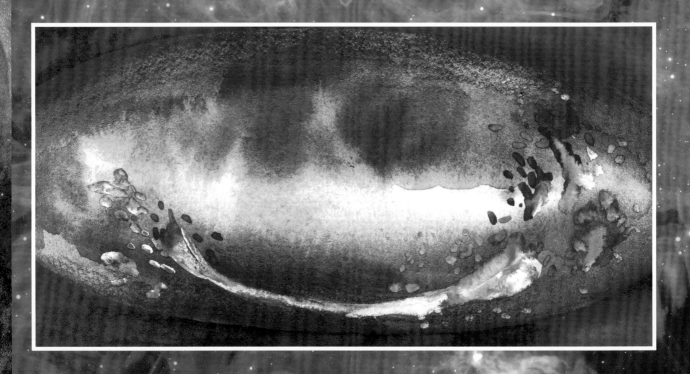

大麦哲伦星系距离地球约16万光年，小麦哲伦星系距离地球约21万光年。这两个矮星系就像银河系的小跟班，被银河系牵引着旋转。

扭曲银河系的坏邻居

从侧面看，银河系并不是平整的盘状，而是弯曲的。这是由于它的两个小伙伴——大、小麦哲伦星系不停地拉扯银河系中的暗物质，使银河系变"弯"了。

仙女座星系的个头儿可不小

仙女座星系与银河系共同主宰着本星系群，是距离银河系最近的大星系之一。这个星系大小为银河系的2.5倍，拥有1万亿颗以上的恒星。

仙女座星系

航天知识——如何进行太空旅游

航空航天是人类拓展宇宙空间的产物。经过近些年的快速发展，航空航天领域已经成为21世纪人类最活跃和最有影响的科学技术领域之一，该领域取得的重大成就往往标志着人类科技的最新发展，也代表着一个国家科学技术的最先进水平。

扫码领取

地球知识百科
天文交流社团
每日阅读打卡

航天器包括卫星、航天飞机、空间探测器和空间站。其实，地球人一直都在太空中旅行，而承载我们的宇宙飞船就是地球。

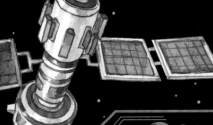

🪐 每个人都想飞上天

人们一直梦想能在太空中旅行，欣赏宇宙的奇观，探索宇宙的奥秘。20世纪，一批宇航员成为了太空探索的先锋。今天，科学家已成功利用火箭将航天器带入宇宙中，人类进入了全民大航天的时代。

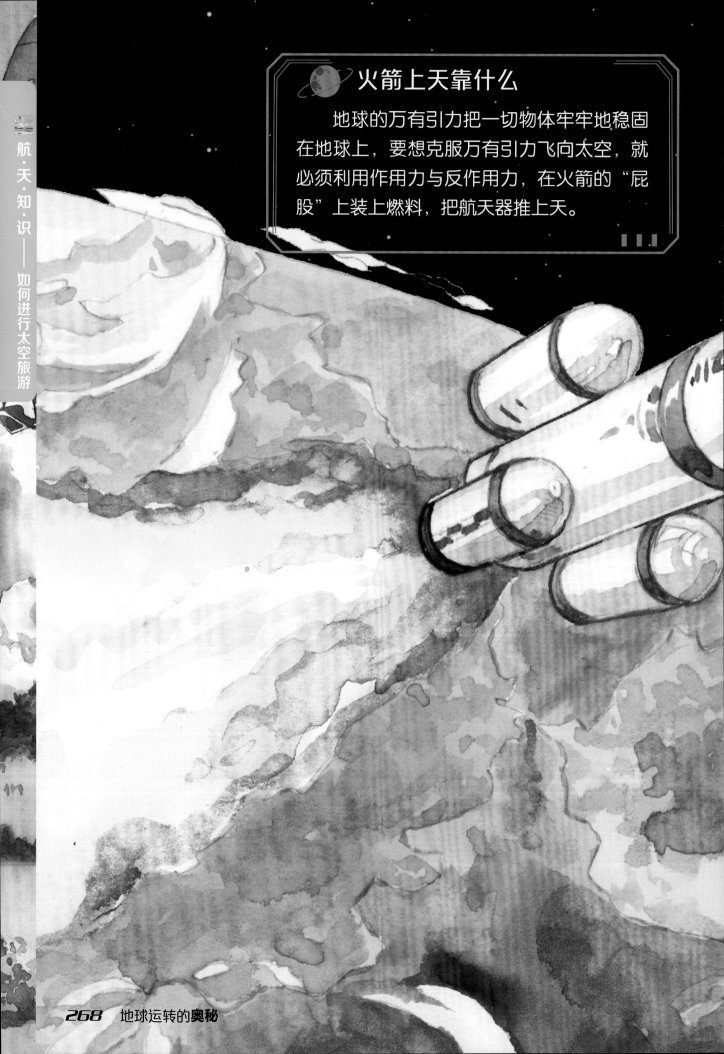

火箭上天靠什么

地球的万有引力把一切物体牢牢地稳固在地球上，要想克服万有引力飞向太空，就必须利用作用力与反作用力，在火箭的"屁股"上装上燃料，把航天器推上天。

火箭上天必须快

　　火箭的飞行速度必须超过每秒11千米才能脱离地球的引力，飞向太空。为了让速度更快，火箭质量和燃料的计算必须非常精确，而火箭的分次脱离也是为了减轻质量加速推进。

航天飞机有什么作用

　　航天飞机可以往返于太空和地面，只需8分钟就能将人造卫星等航天器送入太空中，也能在轨道上运行，它还可以重复利用，既可以载人，也可以充当运载器。航天飞机有三大部分——轨道器、固体燃料助推火箭和外储箱。航天飞机为人类自由往返太空发挥着巨大作用。

在半空中发射的火箭

在飞机上发射火箭，利用飞机在高空的高度和速度，使火箭的运载能力大大提高。空中发射能在地球上空任何地点进行，节省了准备场地和辅助器具的时间，而且，空中发射的成本仅为同规模的地面发射的一半，所以各国都看好这种发射方式。

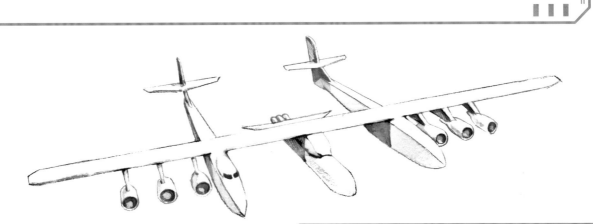

 ## 怎么样才算到了太空

火箭飞到卡门线外，就等于脱离地球大气层，到达太空了。卡门线的高度为地表线上100千米，这是国际航空联合会定义的大气层和太空的标准界线。

卡门线

肚皮朝上花式飞行

　　航天飞机可以用任何姿态飞行，像鱼一样随意翻身是一种聪明的调节航行气温的方法。在轨道上航行时，白天的阳光温度高达121℃，到了晚上气温又骤降至－94℃。巨大的温差会损害机壳，严重时甚至导致机壳变形。

　　为了把这种损害减至最小，在没有特殊任务的时候，航天飞机让机壳朝向地球飞行，这样能够有效调温。而且，宇航员用前舱顶部的两个窗户观察地球，就更方便了。

和火箭一起颤抖

当倒计时结束，火箭逐步加速，压力会快速增大。尤其是在上升到三四十千米的高度时，压力会让火箭急剧抖动，宇航员也会一起颤动，这种共振能让人浑身的骨头都跟着颤动起来，直到航天飞机的燃料容器脱落时才会减弱。

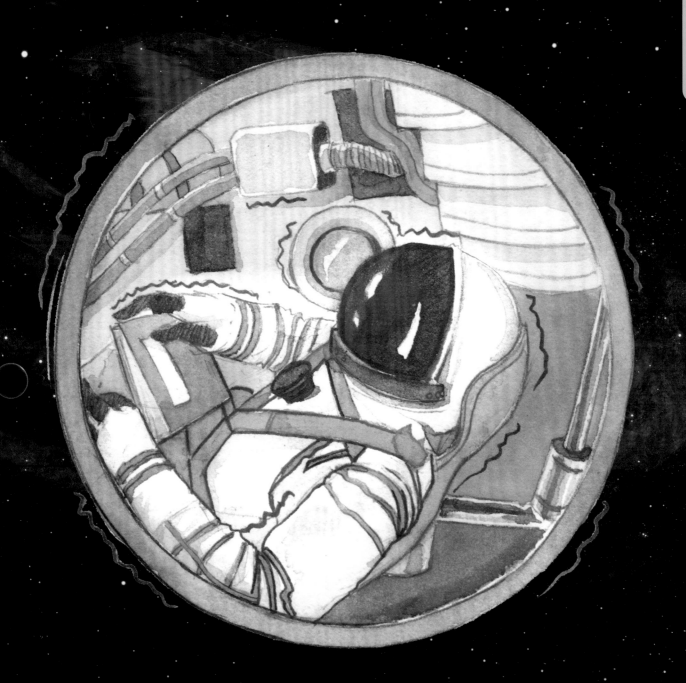

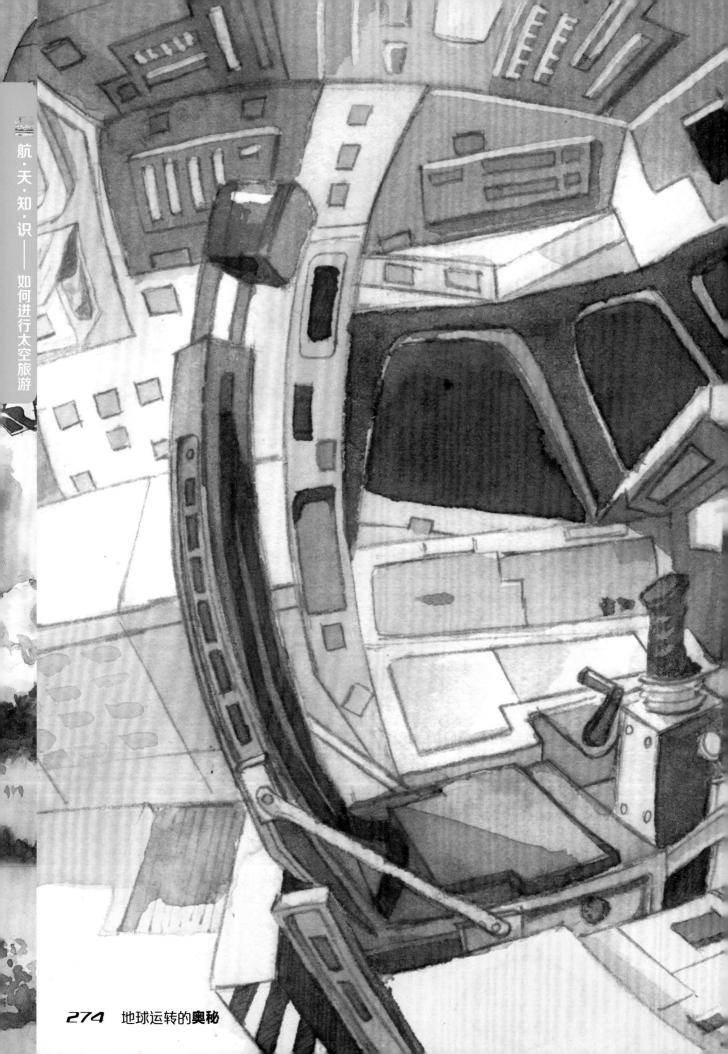

航天飞机居然不需要驾驶

　　航天飞机是无人驾驶的，它一旦进入轨道，就会在地心引力的作用下进行循环的轨道飞行，自动控制系统会实时调整飞行高度。所以，在航天飞机进入轨道以后，全体机组人员就可以自由自在地干自己的事去了。

主舱

中舱

外空散热器

方向舵及减速板

主推进器

主舱

副翼

辅助升降舵

航天飞机内部大解构

航天飞机的内部分为上层主舱和下层中舱。主舱设置有控制仪表和观察窗，而中舱就是宇航员日常的多功能休息室，包括起居室、卧室、盥洗间、厨房、健身房兼储物区等，全都挤在这小小的空间里。

主舱地板的两端各有一个开口，使宇航员在上、下两层之间能自如地飘浮来飘浮去。在中舱之下还有一个高度较低的底舱，藏着冷气管道、风扇、水泵、油泵和废物桶，必须移开中舱的活动地板才能下去。

魔术大空间

整个中舱面积约9平方米，可能要容纳5个以上的伙伴一起生活2周。其中一人在上厕所的时候，其他的人很有可能在离他一两米的地方进餐或是睡觉，隐私几乎是不存在的。

在失重环境里，宇航员完全可以去到机舱里的任何一个角落，2.3米高的天花板空间也可以利用起来，所以小小的机舱仿佛被魔法放大了，其实并不拥挤。

 ### 微型宫殿"天宫一号"

中国第一个目标飞行器和空间实验室是"天宫一号",这个空间实验室的名字寄托了人们美好的祝愿。只有最舒适的居所才能被称为宫殿。命名为"天宫一号",是希望宇航员在太空中能够生活得和在宫殿里一样舒服自在。

太空走廊——气闸舱

　　宇航员在进行太空行走前需要先走出航天飞机，这时就要通过航天飞机的走廊——气闸舱。气闸舱是位于航天飞机与外太空之间的一个舱室，是压力不同的两个空间之间的连接口。气闸舱的两边装有两扇不透气的门，这样就能防止航天飞机里的空气流失过多。

舱门

出舱保险台

气瓶

泄压

航天服支架

泄压阀

宇航员进入底舱的气闸舱前会先穿好宇航服，然后关上内舱门。接下来需要做的是放掉气闸舱内的空气，飘到载物舱，从那里进入太空。结束太空行走的时候，需要经由载物舱进入气闸舱，让气闸舱充满空气，再进入内舱，脱掉宇航服。

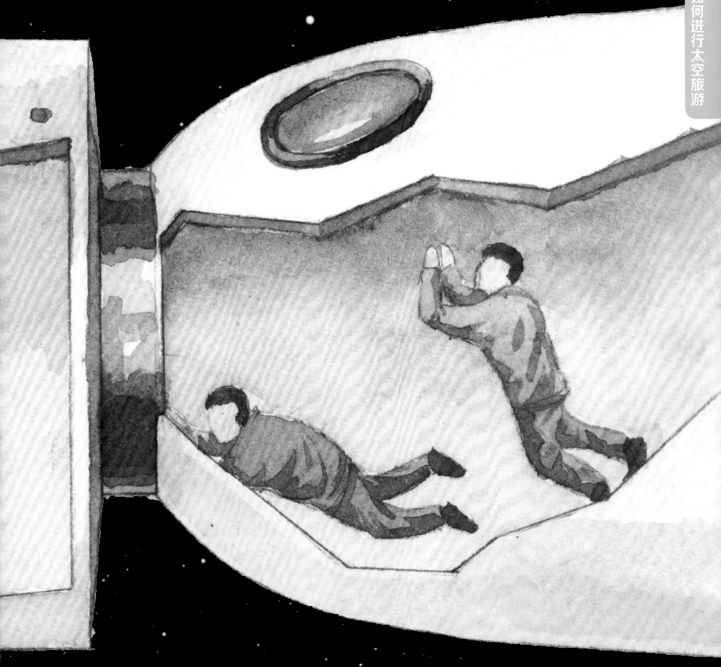

空间站是太空堡垒的雏形

为了方便宇航员长久地停留在太空中做研究，人类在宇宙中设立了一个可供宇航员生活与工作的"家"——空间站。这也是为未来人类漫长的载人星际航行和向外星移民做准备。

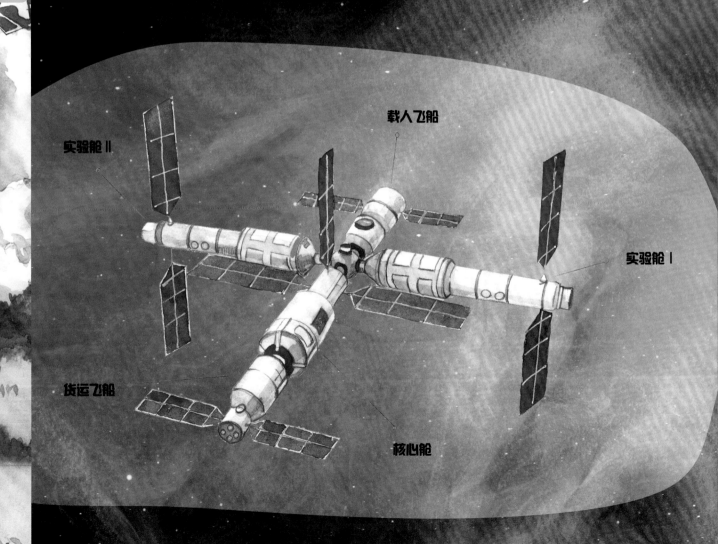

实验舱Ⅱ

载人飞船

实验舱Ⅰ

货运飞船

核心舱

国际空间站每90分钟绕地球一周，主要用来进行天体观测，并利用太空各种特殊环境进行科学实验。比起航天飞机，空间站可以提供更大的空间、更多的工具和设备，是太空中理想的研究基地。

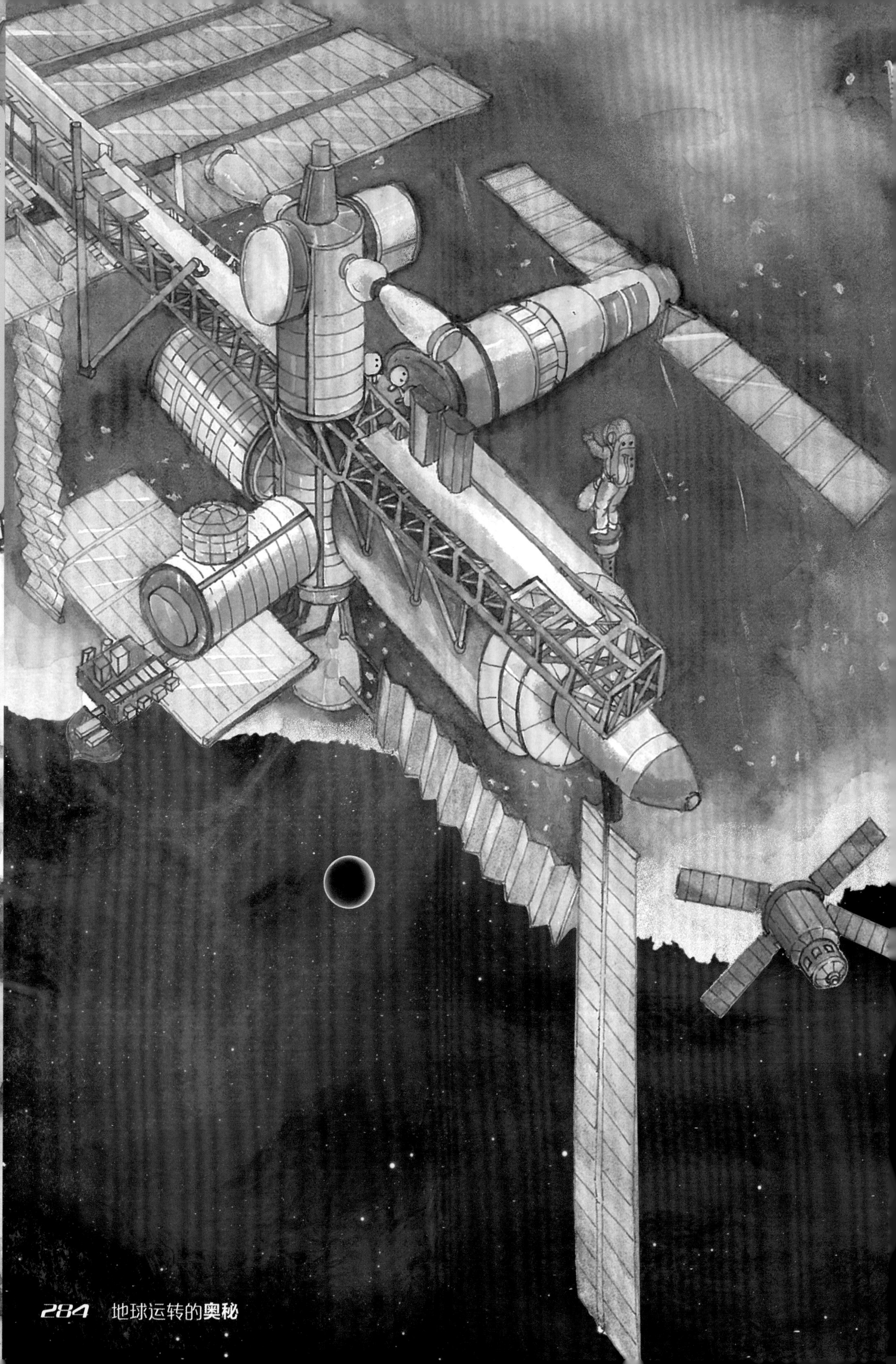

　　20世纪70年代，苏联和美国开始向太空发射空间站。空间站比航天飞机大得多，伸展开来差不多有一个足球场那么大，生活区如大型客机般大小。当太阳能电池阵展开时，这个大型的人造物体飘浮在太空中的景象十分壮观。

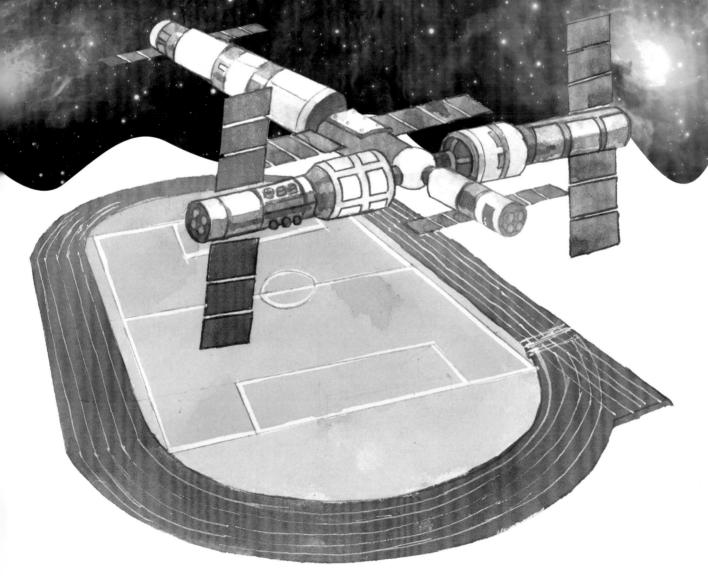

在2017年9月12日，中国的"天舟一号"货运飞船，顺利完成了与"天宫二号"空间实验室的对接。2023年前后，中国计划建成载人空间站。目前，世界上只有美国、俄罗斯和中国能够单独完成这项太空任务。

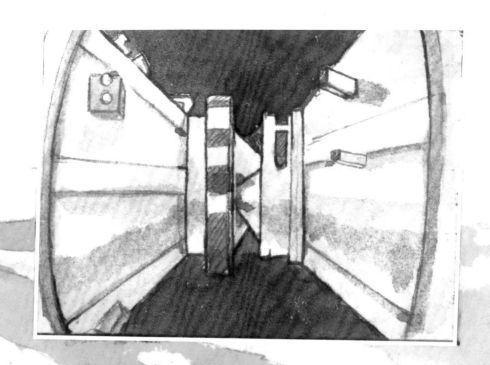

国际空间站每一天都会经过地球的国际日期变更线16次，所以理论上来说，空间站的宇航员每年可以过15次新年，而且还会有14次从新年重返旧年的特别时刻。

跟着"侦察兵哈勃"去看宇宙

在20世纪90年代初，美国用航天飞机把口径2.4米的哈勃太空望远镜送入太空。这个光学望远镜在太空中遨游了多年，为人类捕捉了大量宇宙照片。另外，哈勃太空望远镜还对太阳系外的星系进行了观测，取得了许多令人们意想不到的成果。

哈勃太空望远镜的位置高于地球的大气层，所以它拍摄到的影像不会受到气流和折射光的影响。多年来，它拍摄到超新星爆发、星球吞噬等种种珍贵无比的照片，是天文史上最重要的仪器之一。

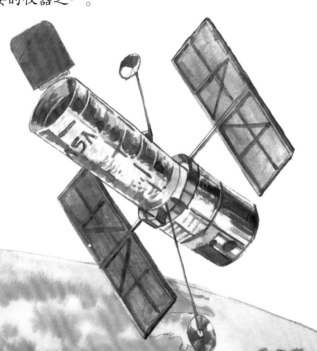

会发电的"天眼"长在地面

　　射电望远镜是一种用来测量从天空中各个方向发来的射电能量的天文仪器。与其称它为望远镜，倒不如说是雷达接收天线。用一般望远镜只能看到可见光现象，而射电望远镜则可以观测到天体的射电现象，它具有发现类星体、脉冲星、星际有机分子和微波背景辐射的作用。

现在世界上最大的射电望远镜，是被誉为"中国天眼"的单口径射电望远镜——500米口径球面射电望远镜（简称FAST），面积足足有5个足球场那么大，真可谓庞然大物。

风火轮一样的太空家园

科学家一直梦想能在宇宙中建造一座移动城市，相信在不久的将来这个梦想就会实现。未来太空城的外观可能是圆环形的巨大车轮，圆筒的内壁是城市的地面，人们无论站在哪儿，头顶都正好对着圆筒的中轴线。

太空城中轴为旋转轴，每分钟自转一圈，使得内壁产生离心力，模拟出与地球相同程度的重力。生活在那里的人都能脚踏实地，不会因为失重而飘在空中。

太空城并不是一个放大的空间站，它与空间站的主要区别在于太空城的食物与生活物品能够自给自足。目前空间站上的生活必需品和食物都是依靠航天飞机每三个月从地面运输补给一次，而太空城作为宇宙移民点，其中留有土地，可以自己栽种粮食和生产生活物品。

天梯采用索式结构，巨大的钢索从地表一直延伸到地球的静止轨道，利用地球自转保持拉紧状态。驾驶舱沿着钢索上升，这种钢索要运用的新材料还没研发成功，那必须是很轻、很结实的材料。

 ## 穿越云霄的宇宙天梯

人类探索太空已经五十多年了，仍然使用火箭发射航天飞机。科学家试图研制出更廉价、可反复使用的航天运输设备，比如用一架太空电梯运载航天员直达宇宙空间。

到星际"放风筝"

科学家从地球上的帆船中得到灵感，制作了利用太阳能的太阳帆航天器。足量的阳光照射会产生一定的压力，"星际风筝"的反光金属箔接收到这种压力，就会被不断地推动前行。

集体"呕吐"的晕机训练

太空没有引力，为了训练宇航员适应失重状态，美国宇航局用一架旧波音客机在类似云霄飞车的轨道上迅速垂直下滑和上升，这架旧波音客机被人们称为"呕吐彗星"。

客机在轨道上下滑时，机上的一切都处在失重的状态，宇航员会真正地感受到自由飘浮；当机头突然上升时，他们又会被重力压得紧贴舱壁。这样来回折腾几小时，大家都会因为"晕机"而呕吐不停。

水下的漂浮游戏

在美国宇航局有一个全世界最大的太空操作模拟池，其实就是一个超级大的泳池。宇航员将太空操作器械都放在水底，进行失重的模拟训练。宇航员在水中活动与在太空中活动的状态相仿，身体会朝着人们发力的反方向运动。

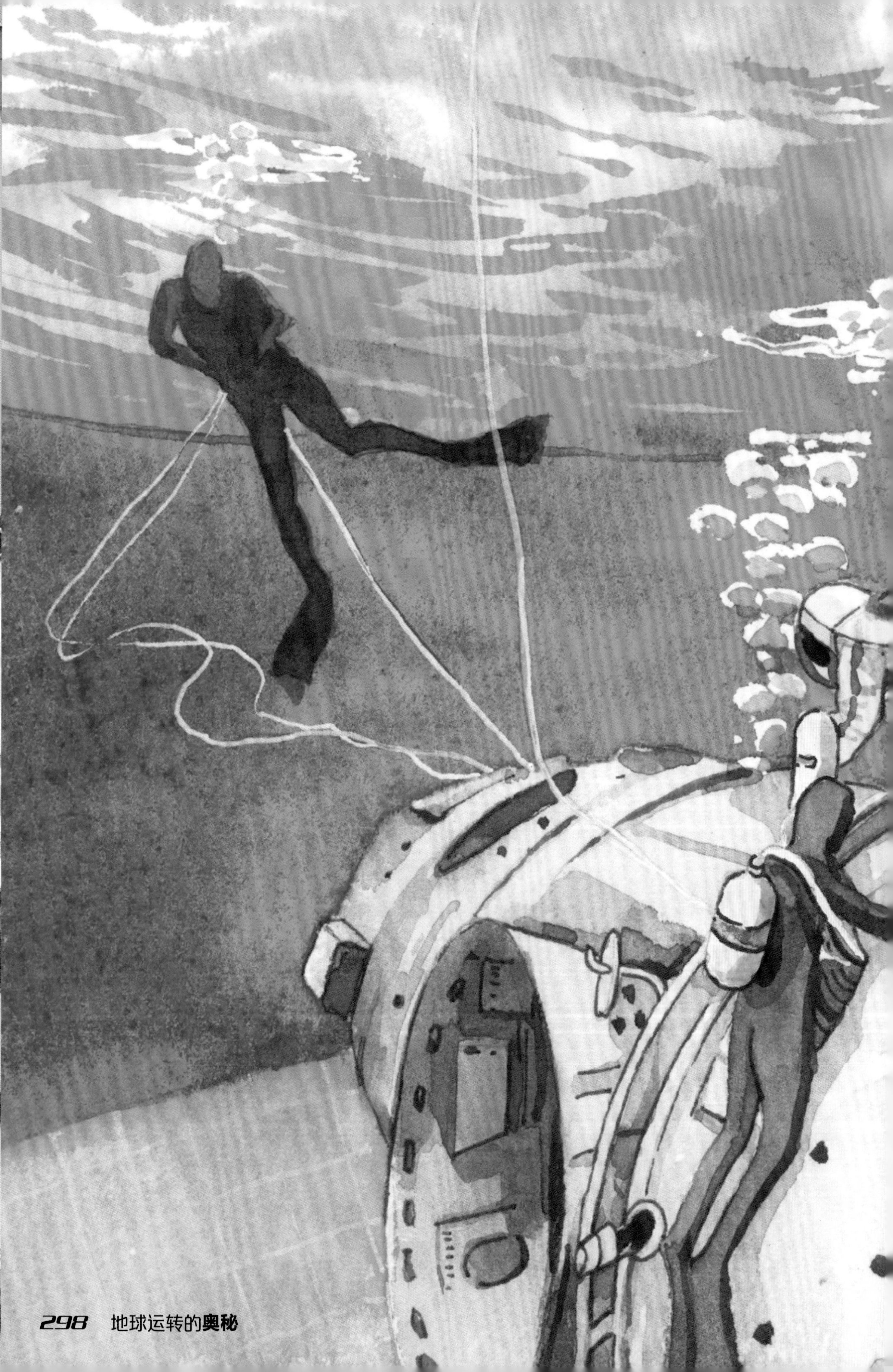

正因如此，水下的训练便成了实践太空行走之前最好的准备方式。这种训练还有助于宇航员熟悉如何穿着笨重的宇航服工作。

旋转臂挑战离心力

坐海盗船时，身体会随着船体摆动而产生一种紧紧被压在座椅上的感觉，这就是离心力在作祟。宇航局给宇航员准备了一根巨大的旋转臂，旋转臂快速转动并产生离心力，让宇航员好好体验了一把坐海盗船的乐趣。

黑漆漆的幽闭恐惧测试

选取宇航员的时候，要做一些特殊的测试，幽闭恐惧测试就是其一。面试官会要求应征者在一个没有窗户、漆黑一片的救生球里独自待上20分钟。受测试者的手表被收掉，失去了时间的概念，静静蜷缩在球体里。那情形确实令人感到恐怖。值得庆幸的是，绝大多数人都能通过测试。

宇航员个个是医生

　　不是每次太空任务都会有医生随行，所以宇航员必须经过专门的医疗培训。起码在自己或者队友发生小病小伤的时候，能够对症下药。航天飞机上也会配备简单的治疗操作指南。航空旅程价格不菲，每次耗资都超过10亿美元，可不能因为某位宇航员拉肚子或者看牙医就返航。

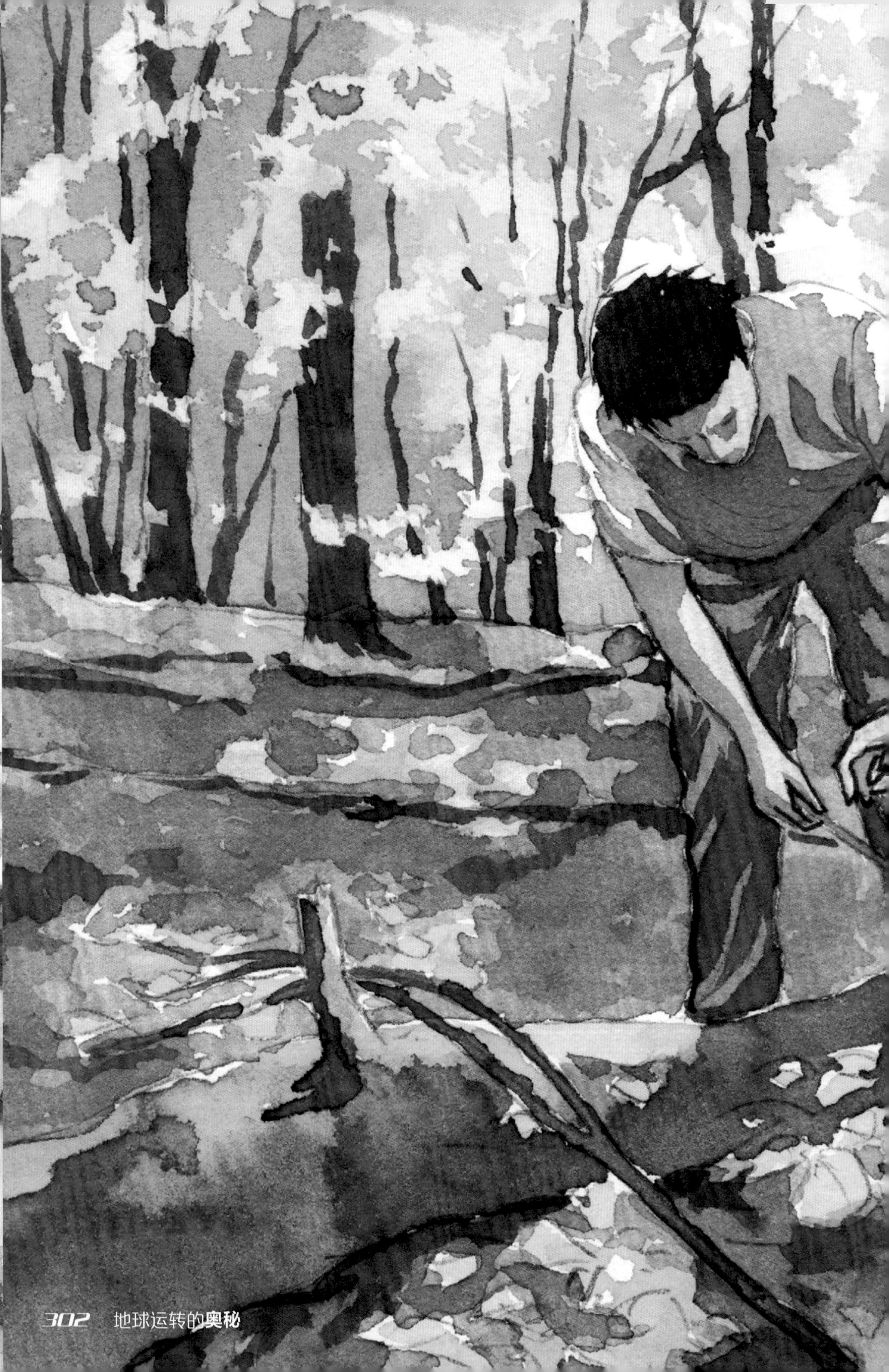

绝地求生的特殊技艺

在上太空之前，宇航员还需要到各种恶劣的环境中体验极限生存。也许是猛兽出没的丛林，也许是昼夜温差极大的沙漠，这取决于航天器回航时选择的降落点。

 "负重前行"只为登空

　　登空前，宇航员要把总重约37.5千克的穿戴和装备加在身上，那真是一点儿也不轻松。如果是身材娇小的女宇航员，相当于背上一个与自己同等体重的人了，而且一旦遇上紧急情况，他们是没办法丢下负重逃生的。

登机前的"豪华套餐"

宇航员会在飞船发射当天大吃一顿吗？这显然不太可能。在紧张的心情下，许多人根本就食不下咽。特别是第一次升空的宇航员，为了避免出现呕吐的太空反应，连水都不敢多喝。要知道，在升空期间躺着呕吐或小便可不是一种愉快的体验。

某些经验老到的宇航员在发射的前一天晚上就开始想办法让自己"排水"，最好的做法是慢跑或做体操。哪怕要开餐，也会尽量选"安全"的食物进食，并控制数量。

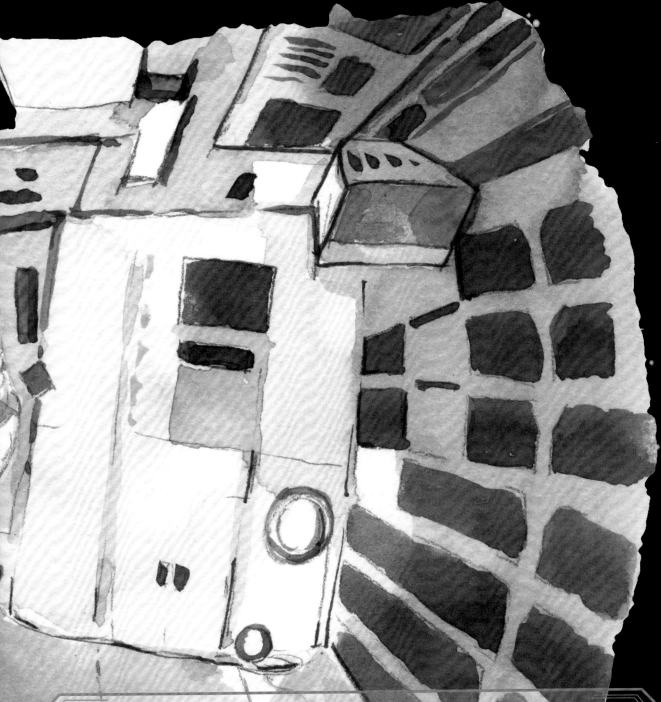

神秘的"白屋"是第一道关卡

　　航天飞机的入口处俗称"白屋"，这是登上航天飞机的第一关。将它涂成白色是为了方便清洁。这里有专门的工作人员帮宇航员系上降落伞、救生袋、充气头盔和腰垫等装备。腰垫是充气的，是为了让宇航员在坐着等待发射的几个小时内腰部

宇航员会"尿裤子"

登上航天飞机之前，宇航员穿上身的第一件东西是尿布，不过它们一般被称为"尿液收集装置"。这些装置都是用刺钩式的尼龙粘条系在腰上的。像婴儿一样包尿布也是无奈之举，要知道，等待发射和升空期间你可没法去厕所。

"匍匐前进"的登机方式

穿戴完毕，就可以进入机舱各就各位了。入口设立在航天飞机的中舱左侧，直径只有1米多，要进去只能蹲着挪进去，或者匍匐着爬进去。

宇航时尚T台秀

宇航员出舱作业时要穿舱外航天服，即进行太空行走时穿的"服装"。舱外航天服一件至少120千克，幸好在太空中感受不到重量。在航天飞机舱内穿的航天服重量会轻一点儿，叫作舱内压力救生服，大约10千克。

白色的宇航服最"好看"

宇宙中，白色具有最广的光谱范围，白色的宇航服具有较好的反辐射功能，还能有效降低热辐射率。宇航员穿上白色的宇航服可以避免被太阳光灼伤，而且白色的衣服在黑色的宇宙中是特别醒目的。

躺在航天飞机里一飞冲天

　　当航天飞机升空时，会产生几倍于地球的重力加速度，宇航员将承受自己体重数倍的重量，这个重量是很大的。为了保护下肢，宇航员必须采取横卧的姿势，将重量分散掉。此时，后舱的仪表板就在他们的脚下。为了保护仪表板，会临时安上一个遮盖的踏板。

 ## 天旋地转，再无天地

在航天飞机里没有上与下的概念，宇航员可以摆出任何姿势，而且只要轻轻用力，就能飞过整个机舱。但是一些在地球上轻易就能做到的事情，在这里可能要多费十倍的劲。比如1分钟就能拧好的螺丝，在这里可能得花费10多分钟。因为在工作的过程中，螺丝、螺丝刀都有飞走的可能。

在宇航员进入失重环境之初，面部会肿胀，整个上半身扩大一圈，这是由于过分的水合作用，使得体内的血液不断涌向上半身。他们只能等待身体自己调整水合作用，以适应失重环境。

让人口水直流的太空美食

宇航员的口粮越来越丰富，荤素搭配得宜，其中最多的是可以立即食用的速食食品，比如烤肉、面条、肉丸和肉排等。大鱼大肉吃腻了，可以配点脱水蔬菜和水果。餐后想吃甜点，不妨来一罐布丁，糖果点心和花生酱三明治的味道也相当不错。

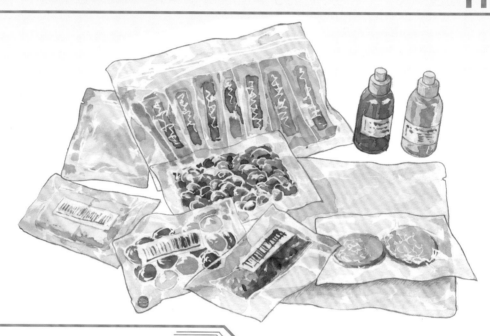

太空中的聪明桌

太空中的托盘、餐桌是特制的，它们并不具有什么高科技的元素，只不过是比一般的桌椅多了磁性。在失重的环境中，所有物品都会满天飞，能吸住铁质叉、勺、碗、盘等餐具的桌子是进餐利器。

小桌板上还会设置冷却器和加热器，以便保持饭菜适温可口。脱水食品的塑料盒嵌在小餐桌的凹槽里，即食的食品可以用托盘一角的钢夹夹住。

在太空中吃饭要练就绝技

在地球上吃顿饭轻轻松松，在太空中却变得困难重重。宇航员得熟记每一个步骤：就餐前先把脚插进地板的卡带，把身体绑在座椅上，以免飘动；然后用剪子剪开盒盖或保鲜膜的一部分，把食物挤压进嘴里。如果需要用到叉子或者勺子，就得全神贯注，不然食物就会悄悄地"飞走"，还得用手或勺子把它们"捕捉"回来。

 ## 太空厨师怎么加工食物

怎样给口味淡点的牛肉加点盐？航天飞机的厨房里只配备盐水而非日常食盐。辣椒水、盐水和糖水都装在像眼药水瓶一样的挤压瓶里，用的时候挤到食物上就可以了。如果在太空使用粉末状的调味料，会变成用餐事故，失重环境下，粉末会到处飞散。万一是胡椒粉，整个机组人员大概都会狂打喷嚏。

不是梦见自己飞起来，而是真的飞着睡

劳累了一天，真想睡个好觉。这时宇航员会随便找个地方，安置好自己的睡袋，钻进去好好休息一下。这种特制睡袋是将一个带有拉链的薄袋固定在一块硬垫上，然后挂上床。事实上，宇航员在睡觉时是和睡袋一起在空中飘浮着的，不能翻身，也不会落枕，使得人快速入眠的重力感觉是不存在的。

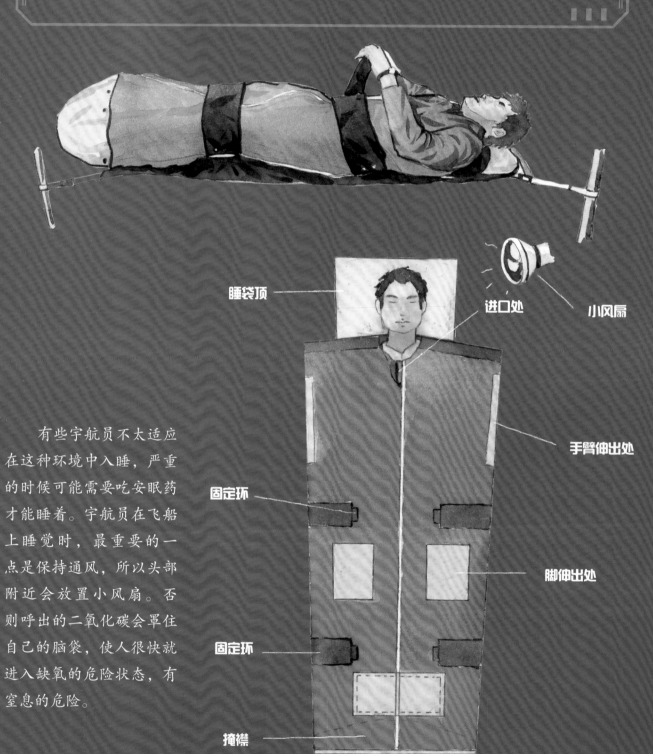

睡袋顶　进口处　小风扇

手臂伸出处

固定环

脚伸出处

固定环

掩襟

有些宇航员不太适应在这种环境中入睡，严重的时候可能需要吃安眠药才能睡着。宇航员在飞船上睡觉时，最重要的一点是保持通风，所以头部附近会放置小风扇。否则呼出的二氧化碳会罩住自己的脑袋，使人很快就进入缺氧的危险状态，有窒息的危险。

穿越黑障区的火焰

以前的返回舱高速回归地球进入大气层时，会在距地面约120千米高处与大气摩擦起火，熊熊燃烧的火焰将整个返回舱吞没。舱体外表温度高达1000～2000℃，周围空气温度可达3000℃。人们称这段距离为可怕的黑障区。

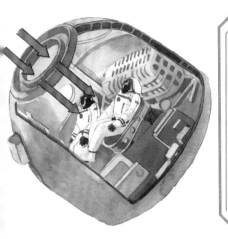

返航让大家都变成了"水袋子"

在回航时，被气囊束缚的宇航员会感到巨大的压力，压力从腹部贯穿后背，腹腔发胀。这股压力作用的方向与宇航员的脊椎垂直，血液一下子涌向下半身，脑部的突然缺血使得宇航员面临昏迷的危险。

宇航员为了预防脱水，会在返航前饮用大量盐水，补充水分使血液的量得以增加，强制身体进入超水合作用的状态。在人的体细胞内部，理想的水分应该为75%左右，但当身体完全发生水合作用时，血液中含有94%的水。

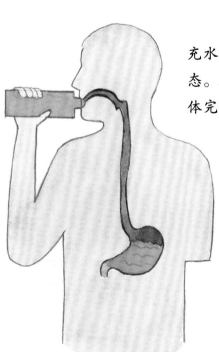

服用大量盐水

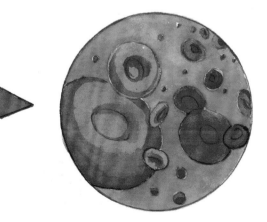

血量增加

不马上出舱可不是摆架子

返回舱着地之后，宇航员不是马上就走出舱体。他们先要对照清单清理物品，然后等待地勤人员用特殊仪器探查有无有毒燃料泄漏。最后，宇航员离舱前需要活动一下多日不用的腿脚，以免站立的时候脚发软而摔倒。

有的宇航员为了配合实验的需要，身上连接着观测仪，无法站立行走，要用担架抬下机舱。这使医生可以更仔细地观察他们的身体情况，以便取得更精确的数据。

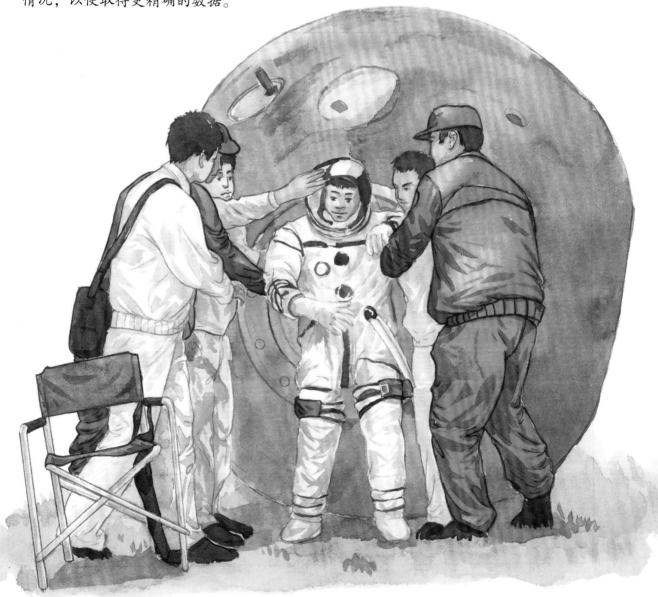